建筑伦理与城市文化

Architectural Ethics and Urban Culture

（第四辑）

秦红岭　主编

中国建筑工业出版社

图书在版编目（CIP）数据

建筑伦理与城市文化（第四辑）秦红岭主编 . —北京：
中国建筑工业出版社，2015.4
ISBN 978-7-112-17975-6

Ⅰ.①建… Ⅱ.①秦… Ⅲ.①建筑学—伦理学—文集
②城市文化—文集 Ⅳ.①TU-021②C912.81-53

中国版本图书馆 CIP 数据核字（2015）第 060714 号

　　本书是有关建筑伦理研究领域的专辑类出版物，是有关领域的专家学者及北京市属高等学校人才强教计划"建筑伦理学"学术创新团队的成员，就建筑伦理、建筑文化及城市文化问题研究成果的阶段性展示。全书从多角度探讨与研究建筑伦理与城市文化问题。

　　本书可供广大建筑师、城市规划师、建筑理论工作者、建筑文化爱好者、高等院校建筑学、城市规划专业师生等学习参考。

责任编辑：吴宇江
责任设计：陈　旭
责任校对：姜小莲　党　蕾

建筑伦理与城市文化
Architectural Ethics and Urban Culture
（第四辑）
秦红岭　主编

*

中国建筑工业出版社出版、发行（北京西郊百万庄）
各地新华书店、建筑书店经销
北京永峥有限责任公司制版
北京中科印刷有限公司印刷

*

开本：787×960 毫米　1/16　印张：13¾　字数：195 千字
2015 年 6 月第一版　　2015 年 6 月第一次印刷
定价：**38.00** 元
ISBN 978-7-112-17975-6
（27062）

北京市建筑文化研究基地成果

国家社科基金"建筑伦理的体系建构与实践研究"阶段性成果

《建筑伦理与城市文化》编委会

主　　编：秦红岭

编　　委：（按汉语拼音为序）：

卷 首 语

近些年来，从不同视角探讨和研究建筑伦理问题，成了国内外建筑理论界与应用伦理学界一个重要的议题。建筑伦理的兴起，一方面导源于揭示建筑与伦理之间深层关联的理论需要，另一方面更是由现代建筑发展与实践中涌现的大量值得人们思索的伦理问题而推动的，可以说建筑伦理的研究与学科构建是时代提出的、不可回避的新课题。

为了在开拓"建筑伦理"这个新的研究领域方面做一些开路搭桥的工作，并为建立有效的跨学科研究模式提供学术平台和探索基地，从 2009 以来，我们已编辑出版了《建筑伦理与城市文化》第 1 辑、第 2 辑和第 3 辑，引起了学术界的广泛关注。现在，《建筑伦理与城市文化》第 4 辑即将出版，这是我们延续"开路搭桥"工作的又一个成果。

本辑内容仍延续我们以往的宗旨，无意构建一个统一的、系统的理论，也不局限于某一研究主题，而是提倡从不同切入点、多元视野展开对建筑伦理与城市文化的大胆探索与原创研究。

本辑的学术文章共 13 篇，主要集中在建筑伦理方面。其中，《现代建筑美学论述中的伦理修辞》与《重逢阿尔瓦·阿尔托》的篇幅颇长。这两篇文章的作者都有强烈的个人风格，一个偏严谨的学理，一个偏优美的评述，但这两篇文章的文献积累都相当丰富，观点诠释也极具启发性。《后现代语境下的建筑伦理逻辑及其转向》作者李向锋是国内学术界系统研究建筑伦理问题的少数学者之一，本篇文章主要阐述了后现代语境下的建筑伦理在批判、颠覆现代主义一元论的同时，试图建立起自己新的伦理准则，以及所出现的一系列新的动向。除独

4

立撰文及约稿外，为了借鉴国外建筑伦理的相关研究成果，促进我国建筑伦理的更快发展，我们还翻译介绍了两篇国外的建筑伦理研究佳作，分别是著有《伦理学的阴影：批评与公正社会》的美国学者杰弗里·高尔特·哈珀姆（Geoffrey Galt Harpham）的《建筑与伦理的16个观点》，以及著名生态建筑师威廉·麦克多诺（William McDonough）的《设计、生态、伦理与物品的制造》。此外，本书的其他作者也就建筑伦理与建筑文化问题进行了有益地探索，他们的观点因作者的背景和兴趣不同而呈现出颇有启发意义的丰富性。

英国建筑史学家彼得·柯林斯（Peter Collins）曾说过，现代建筑理论中最独具的特征之一是它关系到的道德方面。目前尚处于起步阶段的国内建筑伦理研究，将会是一个充满独特的跨界魅力而又颇具挑战性的工作，需要人们进行更多的讨论与观点的分享，正如我们在本书中所做的。

目 录
Contents

建 筑 文 化

建 筑 伦 理

Architectural Ethics

现代建筑美学论述中的伦理修辞

高政轩①

引　论

让我们从挪威城市建筑学家诺伯舒兹（Christian Norberg-Schulz）与马西莫·卡恰里（Massimo Cacciari）关于现代建筑的论点开始。诺伯舒兹认为，现代人的无家感，是因为现代建筑的形式是抽象的；②卡恰里则认为，现代建筑的形式是抽象的，是因为现代人感到无家感。③然而，让人质疑的是：是否有可能建筑以抽象的形式表现，现

①　高政轩，台湾东海大学建筑研究所历史理论组硕士，英国伦敦大学国王学院地理与城市规划学博士，南京大学社会学博士后研究，皇延创新股份有限公司建筑顾问（台北）。本文初稿曾获台湾建筑学会优秀论文奖、世安美学论文奖，并刊于《文字行动2001—2003世安美学论文奖作品集》（允晨文化，pp. 152-180）英文初稿宣讲于英国爱丁堡大学艺术、环境、文化学院（2006年）。几经修订，本文是中国南京大学城市科学研究院院长张鸿雁主持的国家社科基金重大招标项目"特色文化城市研究"（项目批准号：12&ZD029）阶段性成果之一。

②　在《场所精神》一书中，诺伯舒兹认为，因为现代主义建筑的发展，现代环境中原本人们赖以获得居住感的两个空间性质"方向性"与"自明性"，都已不再存在，这使得人们在失落的场所中面临存在的危机。而玻璃幕墙的应用，更是让原本有意义的场所因为缺乏特性，无法产生认同而导致疏离："大多数的建筑物因为使用了幕墙而导致抽象与非实体的特质。在这样的环境中，所有的品质都已失去，没有自明性、方向性，剩下的只是到处充满的危机"（Norberg-Schulz, *Genius loci：towards a phenomenology of architecture.* Academy Editions, 1980：189-191）。

③　卡恰里却认为，现代建筑是现代人困乏的表现，正是因为人心感到无家感，现代建筑表现得才会因此而不是居住。他认为，在现代世界中，现代人主体本质存在绝对的断裂，对于存在的遗忘，以及居住与建造之间的关系根本是不存在的等现象，都是因为我们不再为自己建造房屋，不再是居住者，与世界的关系也已变得薄弱的缘故。因此，"无居住性"（non-dwelling）是现代性的基本特性，我们在现代世界中所面临的问题不是如诺伯舒兹所认为的建造失去居住作为其基本意义，而是"建造其本身早已不再是居住"。一如卡恰里所言："大都会失根的精神本质并不是'贫瘠的'，相反的，正好是最丰富的部分。就是因为主体本质存在绝对的断裂，才使得人们得以征服自然。海德格尔知道这样的事，而齐美尔也已经说过。但是在这之中有个较本质的差别，问题不在于建筑本身的形式，不是建筑有没有符合精神的问题，而是在于事实上，精神可能不再居住——精神变得与居住疏离。这也是为什么建筑不能再让家'显现'的缘故。"（Massimo Cacciari, *Eupalinos or Architecture*, Oppositions, no. 21, 1980：107）

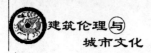
代人反而可以感到居住？或者建筑表现具象，现代人身处其中却仍然感到无家？什么是"居住"？在这种不同于美学思考的伦理思维方式下，建筑与居住的关系是线性的抑或因果的？还是呈现为一种相互辩证的过程？彼此之间的逻辑是实证逻辑还是辩证逻辑？

提出这些质疑的目的在于：针对当代建筑美学思潮主要的两个方向提出根本性的批判。① 其中一个是卡恰里绝对的反论——只承认建筑的合法性在于以否定的方式反映居住的不可能性——在一些著名的建筑师那里得到发展，并进一步转化为他们的建筑思想，发展出一套交界在设计论述、建筑实践以及图像之间的理论，有些甚至因此致力于建筑材料性与空间性的处理，以消除建筑位移与解构的阻碍。② 另一方面，与诺伯舒兹的看法有某种程度呼应的建筑师，他们的建筑则倾向于场所的和谐及有机的互动，尝试开拓厚重与传统的构造方法。尽管这两个方向对于"居住"以及建筑的伦理功能各自建立了一套完整的观点，然而对于真正的人性居住来说，前者的发展最后将自身边缘化于传统中所认定的建筑领域，因此不是成为纸上建筑设计，就是在成为实际的建筑空间时不可避免地失去其批判的力量；而后者则创造一种完全虚幻的"居住"，这样的居住其实在任何传统中都是不存在的，所凭借的是一种没有经过判断的传统经验，只能在想象的层面得以实现。因此，如何在建筑与人性居住之间建立起实质的关系，进

---

① 如弗兰姆普敦（Kenneth Frampton）在《现代建筑：一部批判的历史》（*Modern Architecture—a Critical History*）导言中所说的："似乎有两个方向提供了生产重要结果的可能性。第一个是完全地配合普遍的生产与消费模式，第二个方向的形成与前述生产消费模式刚好对立。前者系追随密斯·凡·德·罗（Mies van der Rohe）'近乎虚无'的理想，寻求将建造的工作缩减成巨大尺度的工业设计……后者是显著的'有形'（visible），往往采用砖石的封闭造型，在有限的'禁闭'（monastic）区域里合理配置开口，但是尽管如此仍然置入将人与人、人与自然联系一起的具体关系。这样的'领地'常常是内向性的，对于所处之物质与时间的连续性相当漠不关心……。"（Kenneth Frampton. *Modern Architecture*: *A Critical History*. Thames and Hudson，1982：10）

② 例如，彼得·艾森曼（Peter Eisenman）强调理性的重要性，认为在现代世界中存在着一种根本的、建筑不得不面对的不和谐：一个只考虑让人感觉很好的建筑只是个鸵鸟心态的建筑。因此他在 House Ⅱa 抛弃反映自然的欧几里得几何学，借由未完成的量体与非传统的材料使用方式（玻璃与混凝土的倒置）表现当代动态的不确定性以及多元、不安的特质，并以凹入基地的方式来表现现代理性的无意义性。而在维克斯纳中心（Wexner Center）则是以互相冲突矛盾的建筑碎片，创造出一种精神分裂的、怪异的建筑来表现当代人类主体的消逝。

而对社会提出有效的批判并提供进步的力量，而非傲慢与自我放纵，在这两个发展方向中，似乎是尚未获得有效解决的问题。

尽管如此，从这些为了建立自身正统性而产生的建筑美学论述中，依然可以看到的是，建筑形式的产生与伦理道德的判断是有关系的，也就是说，判断形式的道德意义对于美学发展的方向有着决定性的影响。因此，20世纪70年代后许多认同"现代建筑所产生的美学是非人性的"这个观点的论述，便试图摆脱20世纪60年代既有的机能议题导向，转而借由伦理的探讨来改正普遍流行的现代主义美学，并试图提出新的形式观与美学观。① 然而，这样的批判所依循的思路是否仍然只是落入了另一个傲慢与自我放纵的陷阱中而不自知？

更进一步地说，虽然只要良善与美德是建筑的关心焦点，建筑、居住与现代性三者的关系——诺伯舒兹、卡恰里或弗兰姆普敦的论述焦点——就一定与建筑师的意图有关，也是建筑师必须面对的问题。然而，在后结构之后，良善与美德根本是直接地被视为问题点，建筑与现代性的概念也由原先的寰宇共通，到现在被要求必须加以去中心化。在这样的情况下，这种以形式为中心的经验性研究，亦即"作品形式中心主义"的讨论方式，将建筑、居住、与现代性三者视为固定不变、彼此独立的概念，或是在相同的理论水平上引用，

---

① 例如，批判的地域主义便借由批判理论认为，地方文化并非某种既定的、不变的内容，而是必须自觉地主动加以耕耘。居住的概念在这里因此不同于诺伯舒兹与卡奇亚里的那种超越性观念（一如他们从海德格尔那里借来的），而是一个指向某种共同特征或态度的批判类型。弗兰姆普敦认为，在全球现代化以递增的力量持续破坏所有农业社会原地形成的文化之时，面对"如何走向现代化，同时又能回到根源；如何复兴已逝过止的古老文明，同时又属于普世文明的一部分"的问题，应该要一方面确立普世文明的规范，另一方面显示特殊文化的价值，因此批判性的地域主义对现代化采取批判的态度，但仍然拒绝放弃现代建筑遗产中解放与进步的观点："批判性的地域主义系与地方本土性的情感伪装相对立，偶尔，要插入重新诠释的本土性元素作为从整体中分离出的片段。此外，有时要从外地来源取用这类元素。换言之，就是在造型引用或科技层面都不致过分闭锁的前提下，尽力去培养一种顺应地方的当代文化。"（Kenneth Frampton，1982：327）对此，笔者质疑的是，有关居住的讨论不可避免地将会面对普世文明与特殊文化如何共存，以及如何在现代与传统之间建立自明性的问题。然而解决问题之前，是否要先确立："什么是普世文明以及我们自己的特殊文化？"将普世文明与地方特殊文化一方面视为某种先验的、固定的两者，另一方面将此二者视为纯然对立、冲突有待弭平的两方，这样的方式是否又会演变为假想的普世文明与它者的特殊文化平衡的窘况？

5

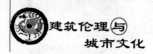

或是提出另一种不同于诺伯舒兹或卡恰里的概念，将无助于我们现在所面对的问题；将建筑、居住、与现代性三者视为固定不变、彼此独立的概念也只会陷入"概念的拜物教"，导致概念不断升级而成为自身的绝对。因此，以辩证的方式将问题从"在某种既有道德观下何谓有道德的建筑？"这样的研究发问开始，推往"如何说明建筑的某种材料、形式等物质层面的元素是道德的"，最终提出"如何在不断转化的历史之中判断建筑形式的道德意义"这样的问题，将会是必需的思维方式。

为了可以更具体地回应先前的疑问，本文将把先前的发问进一步导向为讨论诺伯舒兹与卡恰里针对密斯·凡·德·罗（Ludwing Mies Van der Rohe）的建筑所作的价值批判。[①] 对此，笔者企图探求的是，如果我们对于密斯的反省建立在不同的建筑意识形态基础上，我们能否有机会对于今日的建筑问题有较为不同的思维方式与观点，并因此得以对现今的困境有所突破？这个不同的基础是什么？将如何建立？是否有可能借由瓦解旧有意识形态的表面完整性而得以建立？从伦理的观点更具体地说，密斯的建筑固然有其必须加以反省、讨论的问题，但是在 1960 年之后，这些同样是强调"人性居住"的批判者在没有进一步分析比较的前提下，将密斯·凡·德·罗称之为具有道德意义的形式径自反转为非道德的代表，并且简单地以二元对立的思考方式在其对立面提出反论，即其所认为具有道德意义的形式。[②] 这样的检讨对于"反省现代建筑的问题"这项工作来说是否仍为无效？若为无

---

① 采取这种方式的理由在于：一方面，笔者认为，这样的方式将可以有效地组织笔者所欲探讨的、分属不同理论层次的问题；另一方面，诺伯舒兹与卡恰里同样都以其各自对于居住与现代建筑的概念为基础，将密斯视为表达"无家感"的现代建筑师的代表，而密斯的建筑在现代建筑史中则被视为迈向未来（后现代建筑？）的出发点，也可以说是近代产生两种极端不同的建筑思潮的分界点，因此，借由前人针对密斯的评价为基础作进一步的讨论，对于笔者所欲批判的两个当代建筑思潮方向将可提供适切的切入点。

② 例如诺伯舒兹所认为的："任何有意义的形式必须是某物能'提醒'的东西，所以，历史形式作为一种可能的选择又回来了，尤其是古典形式，因为古典语言代表了目前所知道的当中最普适和清晰易懂的图形系统。"见：Norberg-Schulz, *The Concept of Dwelling*：*On the Way to Figu-rative Architecture*. New York：Rizzoli, 1985：135.

效，则这类反省所带出的建筑美学观是否仍有其合法的道德基础？还是只是另一个道德观下的产物？另一方面，对于建筑物质，譬如某种形式、元素等，所进行的道德判断是否具有绝对普遍性？还是有着某种先决条件与限制？若以两个有着本质差异的居住概念各自所引导出的解题策略与方法作为相互批判的根据，是否将会存在着一些逻辑上与方法上的盲点？这些盲点是什么？而如果道德判断并非绝对的，甚至当其规范性基础已不复存在时，我们要如何指出某些曾作为批判前提的二元对立范畴已失去其批判力？我们又要如何对于密斯的建筑进行反省，以何种方式理解密斯，才得以在面对自身时把握作品本身所谓的现代性能量，或者说，延续其未完成的现代性计划，并且能够以更为合理的情志本能来平衡现代理性？而不会只是沦为"为了新而新"，或者是所谓的"新保守主义"。①

—

本文的提问意味着所要论证的是整理感性材料的先验图示的合法性，讨论的对象为知识生产的理性生产机制，这样的目的需要的不是"经验批判"，而是一种更为深刻的、直接关乎内在生产观念的"先验批判"。因此首先要说明的是，诺伯舒兹与卡恰里对于密斯的看法大致上可以代表 20 世纪 60 年代后许多人出于伦理的信念在现代主义建

---

① 新保守主义者把他们的任务看作是：一方面把人所赞同的"过去"进行动员，另一方面把只能招致批评和否定的另一部分"过去"加以道德上的中立化。见：Jürgen Habermas. *Critic in the Public Sphere* . London and New York：Routledge，1991：53-54。

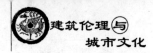
筑的反省中得到的两种形式观。① 反省的动机是认为：既然现代运动的创始者承诺要弭平美与理性、形式与机能之间的断裂，让人在由科技形塑的世界中感到安居，则我们便应当以伦理的思考来检视现代主义建筑是如何形塑现代世界的"合理性"，而不能只是将现代主义建筑视为单纯的美学事件。② 因此，他们关心的议题在于"人类存在于世的方法"，目的在于讨论"建筑如何帮助人确立普遍性伦理的任务，为人类行为找寻一个合宜的框架，满足、实践一种角色，能够化解人与他者之间的冲突"。③ 在这个探讨"应然"的动机与目的背后的反省立场，亦即伦理演绎逻辑系统的研究结构中经验上无法证实，而逻辑上确属必要假定的"第一因"：形而上学原则与认识论基础，则是基于不同背景与理由所提出的"正确的生活方式"与"建筑诠释正确生活方式的方法"，因此一如卡斯腾·哈里斯（Karsten Harries）在《建

---

① 在诺伯舒兹的观念中，造成今日都市的场所失落、人心产生无家感的原因，是因为后人忘却了现代建筑第一阶段的形式是反抗旧有体制的结果，并且"误认"其所衍生的建筑形式就是"居住"的直接展现而紧抓不放的缘故（Norberg-Schulz, 1980（1979）: 195）。但是他认为即便如此，我们也不需要因此就否定第一代大师如密斯等人的努力，因为现代主义的成果，如流动空间、开放平面、国际样式与抽象形式等与"居住"并没有直接的关系，只是一种用来清除过去遗毒的"工具"，因此当19世纪的束缚不再存在后，这些工具便必须代之以地方性与场所独特性，也就是现代建筑第二阶段的目标：即"密斯的建筑，虽然以量体化的组合和结构的整合完全满足了现代人对自由和认同的需求，具体实现了一种新的生活方式，而且毫无疑问地重新征服了本质的意义与方法，但是这样的建筑却在某种意义上是反都市的，是一种'排斥性的建筑'，其目的不是要让人得以居住，而是要告诉我们：'现代世界是开放的'（Norberg-Schulz, 1980（1979）: 195）。"另一方面，卡恰里则认为，既然建筑要反映时代精神，则现代建筑的任务就是要将现代"无居住性"的精神忠实地反映出来，以漠视居住的方式来表现无居住性。在密斯的建筑中，纯粹的建造物独立于任何意义之外，这样的意图是对无家感的直接反映：居住在现代消逝了，因此建筑的意义也不再存在。"符号必须保持它只是个符号"是以将意义抽离建造物的方式，来表现居住不存在之后无居住造成的空虚。密斯对于玻璃的使用方式说明了他的反辩证，玻璃则是对于居住具体的拒绝："从1920~1921年柏林的玻璃塔项目（Glass Tower Project）到纽约的西格拉姆大厦（Seagram Building），我们可以在密斯所有的作品中发现这种不变的特质：对于居住极端的漠视，以中性的符号来表达：'极端形式化的结构呼应了极端不存在的形象'不在场的语言为不在场的居住作见证——完美地区分建造物与居住。没有任何方式可以补救居住的消逝。'宽大的玻璃窗'表现的是居住的沉默与无助。当它们反映大都会，它们便否定了居住，而这样的反映只能在这些形式中表现出来。"（Massimo Cacciari, 1980: 115）。

② 见：Karsten Harries. *The Ethical Function of Architecture*. MIT Press, 1997: 7；Norberg-Schulz, 1980（1979）: 5；Massimo Cacciari, 1980: 107。

③ 见：Karsten Harries, 1997: 4。

筑的伦理功能》一书中提出的两个主要议题，他们首先也必须自问：如果建筑的任务是要诠释我们这个时代所应该的生活方式，那我们要如何得知我们这个时代正确的生活方式？而又是在怎样的情况下建筑可被理解为一种诠释？①

一方面，就像弗兰姆普敦与达尔·科（Dal Co）引用海德格尔，或是艾森曼与弗兰克·盖里（Frank Gehry）借用德里达、诺伯舒兹与卡恰里的形而上学基础，是以应用性的心态来借用海德格尔哲学中关于居住的"伦理话语集合体"，作为讨论建筑伦理功能的形而上学基础（尽管卡恰里有较多的部分在于讨论价值本身的意义和正当性），将之视为"正确的生活方式"；另一方面，从他们两人各自对于建筑与居住的看法②可以看到，他们是以海德格尔哲学中对于空间、技术与材料等观念所发展出的"营造性"作为认识论的基础，并以二元对立的方式来看待建筑与意识形态，强调"场所的意义"，"材料的质感"与"反技术"，认为建筑仅是居住的表现，精神形象化的结果；而居住则必须要借由具象的建筑语汇与造型来表达。

在这样的方式下，诺伯舒兹与卡恰里将海德格尔所说的那种四位一体的境界视为建筑伦理实践的"应然"与"价值"。③ 因此，当他们基于伦理的关怀，认为支配建筑的意识形态不是美学、技术或经济的思考，而必须是对人性以及人类存在的思考时，④ 他们便借用了海德格尔的居住概念，将其中所描述的天、地、人、神四位一体的境界视为建筑要具体化的人性居住。也因此，当他们对照现代世界，发现因为现代化的发展，现代建筑其实是更多地受制于工业技术与经济等因

---

① 见：Karsten Harries, 1997：13。

② "建筑意味着场所精神的形象化，而建筑师的任务是创造有意义的场所，帮助人居住。"（Norberg-Schulz, 1980（1979）：5）"无居住性是大都会生活的本质，因此当代建筑的历史是大都会无居住的现象学。"（Massimo Cacciari, 1980：112）。

③ 在海德格尔的观点中，居住的问题不是观念中的问题，而是一种生活世界中的问题，与建筑于世界的存有密切相关：是因为居住的使存有，才使得建筑本体得以存有。因此，建筑不只具有表现材料与被制造的各种能力，也具有借由世界而成为存有并揭示不同情况和方式的能力。伦理的彰显不仅使建筑得以存有，也使得建筑能够达到真理揭露的领域。

④ 见：Norberg-Schulz, 1980（1979）：3；Massimo Cacciari, 1980：107.

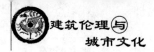

素，而不是居住的直接表现。为了解决精神与现象的矛盾，并衡量判断各种正统和异端，诺伯舒兹认为我们必须在精神领域重新找回居住的概念，强调居住作为本体的第一性以及建筑的第二性。这样我们才得以摆脱工业技术与经济因素对建筑的限制，让建筑再次从属于作为第一性的居住，成为居住的显现。卡恰里是以否定的方式强调居住的第一性，将建筑贬抑为仅是技术。他认为既然工业技术与经济等因素的影响是无可避免的，也是决定性的，那我们就应该将精神对于居住的期望与建筑本身分离，建筑就必须放弃接受人性的居住支配的期望。

虽然诺伯舒兹与卡恰里因为各自不同的背景而对密斯有着不同的甚至是相反的评价，但是从伦理的观点来说，建筑中涉及伦理关系的讨论，意味的是一种真理的价值显露。而这种对于真理的寻求，事实上是一种对于实在性和真实性的渴望驱使，同时也是一种令人难以捉摸的建筑伦理的指示，因此这个指示与真理的产生是联系在一起的。以海德格尔居住概念与营造性作为评断伦理功能的标准，其意义本身必定影响规范伦理（亦即评论的价值标准），进而左右关于密斯的描述伦理①的真假值。从这样的观点，这样的方式所得到的论述是有着某些问题的：首先，以哈里斯的两个议题来检视密斯与诺伯舒兹各自的论点，可以发现尽管他们同样都是以人性之名为出发点，但是却有着两种完全不同的，甚至背道而驰的第一因，因此也衍生出两种完全不同的构筑法则与美学。② 尽管密斯·凡·德·罗以抽象形式表现居住的现代建筑是否表现了正确的生活方式是令人怀疑的（图1），但是

---

① 后设伦理学（即元伦理学）、规范伦理学与描述伦理学彼此的关系为：从经验的观察来看，接受一套后设伦理学的理论将会影响规范伦理的道德判断，而从规范伦理的立场中可以演绎出后设伦理的观点，而描述伦理语句的真假值则决定于后设伦理中对于道德的定义。"规范伦理学"与"描述伦理学"属于传统伦理学，"规范伦理学"目的在于规范人的行为，其规范伦理的解释是以某种形而上学为基础；以某种规范伦理作为标准进行道德判断与评价，则是所谓的"描述伦理学"。

② 诺伯舒兹强调具象、形象化与质感等这些可以让人回忆起某种东西的建筑元素，认为这些才可以让人在不断变化的世界中获得定位与认同；密斯·凡·德·罗则认为新时代的精神表现在新的构筑方法中，因此建筑必须采用此一新的构筑方法，而只有遵循构筑方法的自律性的建筑，才得以说是表现了时代的精神，才不是落入错误的居住期望中。

引用海德格尔哲学的那些人所认为的居住，也就是海德格尔所说的那种天地人神合一的概念，以及他们将密斯·凡·德·罗的时代精神与建造艺术理解为对立的、不变的两个极端，这些观点其实不同于密斯·凡·德·罗自身所认为的"正确的生活方式"与"建筑诠释正确生活方式的方法"。既然如此，仅是借用某种先验的概念对于密斯·凡·德·罗进行道德批判，无论其结果是正面的抑或反面的，无论最后的论证结果是无法令人感到居住还是让人感到安居，对于我们的议题："反省密斯·凡·德·罗的现代建筑"来说，是否提出有效的解决策略，还是只是另一个道德观下的产物？只是沉溺于个人主观的爱好或仅是对于过往的缅怀？其实是令人怀疑的。

图1　密斯·凡·德·罗设计的范斯沃斯住宅（Farnsworth House）

（来源：http：//ca. wikipedia. org/wiki/Ludwig_ Mies_ van_ der_ Rohe）

　　其次，海德格尔这种联系"居住—建造—空间"的独特思考方式使得诺伯舒兹与卡恰里等人对于居住的讨论含有海德格尔对于"物"的诠释，并因此重视材料的性质，强调材料本性中所应该"让显现"的部分。这样的方式乍看之下似乎是顺理成章，因此，诺伯舒兹的推论便很自然地也呼应海德格尔对于现代性的批判，将现代建筑视为造成现代人疏离、漂泊的祸首，认为现代人感到无家感，是因为现代主

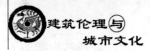

义建筑师们所要表现的并不是居住。然而，如果一如佩姬·迪默（Peggy Deamer）所言，不同于被视为客体的逻辑一部分的构成、空间秩序或结构、细部，即使在概念上，也不会形塑自身，因此，讨论建筑中的细部意味着将讨论的焦点从建筑客体转移到它的"制作者"，强调作为主体的制作者的重要性。① 因此，引用海德格尔这种现象学的思维方式，尽管表面上强调细部、材料与营造性的重要性（以各种注重生态的细部来建造房屋，同时也更加重视质感、自然与真实性，而非视觉的、人造的与合宜性），同时其所论述的营造性会因为建筑论述中新的概念与主题，以及在其他建造活动中发展出的形象而改变，但是这样却是在没有意识到建筑细部制造过程中所牵涉的真实状态之下，只是将建筑视为一种物，并且想象了一个理想的建筑制作者（其所认为的居住基本上是独立于一切的：居住在森林中，与天地合一，感受自然及其材料，重视建筑传统等等），在强调营造性②的意义胜于建造的意义之下忽略了营造主体的重要性，也忽略了营造性在建筑客体与建筑制作者主体间的联结。在这样的方式之下，并无法看到不同的设计者在面对不同的环境与问题下所作的挣扎，无法考虑到现代建筑师的主观意图与意识形态的转变。因此，在他们的论述之中，密斯·凡·德·罗在建筑中使用的抽象形式对于回应重力、地方性与传统等任务来说，只是个不适当的细部、装饰与材料。

除此之外，采用这种先验概念并不是诺伯舒兹等人最初的问题所在，而是在于其所凭借的批判方式。这意味着虽然指出以海德格尔居

---

① 见：Peggy Deamer，"The Subject of the Object"，in：Praxis，Band 1，01/2000：108.

② 营造性在这里表示建筑术的元素的制造，例如墙、柱、梁与屋顶，而建造只是对重力简单的回应：建筑元素在数学与力学的帮助下结合在一起。在营造性中，墙、柱、梁与屋顶超越它们的结构理性而表达意义。因此类推，营造性对重力的回应更强调有效性与适当性，在这样的观点下，装饰并不是罪恶，而是必要的。因此对于海德格尔来说，装饰，一如格沃尔克·哈东尼安（Gevork Hartoonian）所言："在细部的帮助下，比较像是衣服的角色。为此，古典建筑是独特的：在它的细部中，装饰与建造规则经由表现与隐藏的相互作用整合在一起，因此可以论断的是在建筑元素的结构功能与它们的表现之间，存在着一个空隙，可以说，营造性就存在于这个空隙间。这个空隙形塑建筑知识，也就是，制造的逻辑。"（Gevork Hartoonian，*Ontology of Construction*，Cambridge University Press，1994：40）。

住概念与其哲学发展出的营造性概念作为形而上学原则与认识论基础，将其作为"正确的生活方式"与"建筑诠释正确生活方式的方法"，是一种以"操作性批评"为方法的"诠释性的知识"，或是认为将海德格尔的哲学作为讨论密斯的建筑时所凭借的"实然"与"应然"将不可避免地会因为形而上学与认识论的局限而受限，并且造成只是将主观的认知图示架构在密斯·凡·德·罗的观点之上，并不是因此就得以否定他们对于密斯·凡·德·罗的论点。因为"居住"之所以引起广泛的讨论，正是因为在现代社会中，"居住"失去其原本天经地义的自明性，而成为意见相左、彼此争论不休的专家不断提出来加以论述，且不断给放进充满开放性但同时却也是充满不确定性的行动场域。不过，诺伯舒兹从海德格尔哲学的诠释进而批判现代主义，这是一种"以先验批判经验"的方式，其批判方式在本质上是一种"价值批判"。对于这样的方式来说，因为价值批判的标准是先验的，不会被视为需要被检查、思考的部分，因此论证其实只是为了否定对方的经验，并维护自身的"价值"，而论证历史是否服从他们所认为的道德律则将会是它的唯一问题。卡恰里意识到，这种先验批判经验在逻辑上的问题在于，只是说明了这样的建筑所表现的居住"并不符合海德格尔的居住概念"，因此不同于诺伯舒兹，卡恰里认为不能以应用性的方式来诠释海德格尔。但是，卡恰里却走向另一个极端，采取了"以经验批判先验"的解构策略，用一己的"经验"去批判对方的"价值"，强调"无居住性"是现代基本的特性。从经验批判来说，互相批判的两者就本质上来说都只是同一哲学系统内部在价值观上的二律背反，它的真正目的在于如何利用知识活动改变现实中既定的利益结构。这样的方式由于只有借助知性求真活动能证明某种经验信条的正确性，所以它为此必须经常性地扭曲学术真理以维持或者制造某种谎言。虽然在这类的论述中充满了大量的"翻案"文章，但是由于本质上不过是一种经验标准取代另一种经验标准，始终上演的是"价值"与"价值"之间的现实冲突，所以对于我们所面对的问题并无法提供任何助益，各种知识体系在其中所承担的不过只是一种工具而已，

13

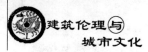

并且往往很快就沦落为各种经验斗争的现实工具。

因此，不管是诺伯舒兹、卡恰里或其他引用海德格尔的理论家，都不是指出意识形态与制度现实之间的矛盾或落差，而是用另类的价值理念相抗衡。这样的做法是以一套规范基础挑战另一套规范基础，是以一种"道德姿态"对抗另一种"道德姿态"。过去这些批判基本上都属于经验主义批判，属于对已发生的历史事件的功利性阐释，所以从来也不可能使自身"抽象地上升"为一种具有原创意义的知识活动。这样的方式表现为一种混淆"知识"与"价值"的独断论。这种知识生产的内在观念使得学术主体只能立足于各种现实利益冲突中，使客观性的知性活动欲望化为主观性的意志活动，因此也只能带来各种"意气之争"。而诺伯舒兹的批判立场之所以会成为另一种"道德姿态"，主要是因为其规范基础产生了危机，而这就是批判性丧失的问题所在。整体而言，诺伯舒兹对于规范性基础的讨论可谓非常稀少，因此非常不清楚的是他如何看待批判中的规范基础的问题；然而，批判活动更不是一组超越的价值作为信念来批判另一组超越的价值。要避免成为自己的信徒，就必须注意到批判活动和理论、经验/历史之间的三边互动关系。任何具有批判性的建筑理论（相对于自命"价值中立"的建筑理论）与批判的社会理论一般，都必须了然其自身的规范性定向，然则规范性定向必须成为理论反思的对象，而非先验预设，要达到这个要求，建筑理论必须展开和经验与历史的对话；相反的，如果预设了历史终结或经验研究的终结，那即是等同于取消自身的批判性。

二

出自密斯·凡·德·罗的宣言①以及诺伯舒兹、卡恰里等人所引用的海德格尔②中所表述的两种不同的伦理论述各自都将居住与建筑作了某种关联，也由各自所认为的合法的构成法则提出批判：③ 这两种不同的美学观是伦理思考逻辑下的产物，其特殊的地方在于其内容是要说明哪些事物是好的，或是哪些事物必须加以抑制，其逻辑规则建立在"事实"与"价值"、"实然"与"应然"的标准上，其陈述方式是一种"假设性的控制"，其力量是修辞学上的，而非强迫的，传达某种意志与恳求的讯息，表示其必要性而非强制性，以某些特殊目标忠告我们行动的路线。这样的陈述方式同样也影响着以文字作为表达形式的建筑论述，其中，假设性控制成为这类论述推导论证之所以成立的逻辑依据。然而，却也正是因为这种独特的伦理思考逻辑语言规则，反而造成许多建筑伦理论述相互的误解与歧见，甚至误导了某些建筑论述，让其认为能够以一种一元论的价值标准来整合价值观

---

① 在1924年与1930年的宣言"柏林建筑博览会方案"（"Program for the Berlin Building Exposition Program"）与"工业建筑"（"Industry Building"）中，密斯·凡·德·罗提出建筑满足人性居住的具体方法，他认为："真正的生活并不是某种已存在的，或是某种早已被思索出来的生活"（Mies van der Rohe， "On Form in Architecture"，1927，引自Fritz Neumeyer, The Art less Word, Cambridge, MA：The MIT Press, 1991：257）；"我们这个时代的居住尚未出现，但是改变的生活状况要求它的实现"（Mies van der Rohe， "Program for the Berlin Building Exposition"，1930，引自Fritz Neumeyer, 1991：310）；"工业化是我们这个时代的房屋的中心议题。如果我们成功地解决工业化的问题，则社会、经济、技术，以及艺术的问题都将会迎刃而解。"（Mies van der Rohe， "Industry Building"，1924，引自Fritz Neumeyer, 1991：248）

② 海德格尔于1951年的所作的讲演"筑·居·思"（"Building, Dwelling, Thinking"）中说："居住"的本质是"赦免"与"保护"，是人存在——"停留在大地之上"——的表现。借由人在大地的停留，人与天、地、人、神建立起"四位一体"的关系，而人就是借由"在存在本质中保护四位一体"而得以居住。因此只有人采取爱护与赦免的态度才会知道如何居住，并且也才会知道如何建造。只有当我们有能力居住之后，我们才能够建造。见：Martin Heidegger, "Building, Dwelling, Thinking"，in Martin Heidegge, Poety, Language, Tought, New York：Harper and Row, 1971：149-150。

③ 在密斯·凡·德·罗的观念中，人居住并非先抱持着某种固定的先验概念，然后再借由建造实现这样的居住；而在后者的观念中则正好相反，人必须要先知晓某种居住的态度，然后人据此才得以建造。

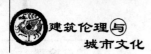
念，而无法看到事实上这些论述在清理各种分歧并取消知识纷争的过程中，其实只是更加地证明了主观的价值标准不可能解决知识论意义上的"原本"问题。

从康德的"令式"（imperative）来说，密斯·凡·德·罗与海德格尔所谓的"真正的生活"并非毫无先决条件的定言令式（Categorical imperative），而只是一种手段，一种假言令式（hypothetical imperative），其构筑法则更只是所谓的技术令式。^① 尽管令式有着这 3 种差异，但是作为一种令式，从表面上看，似乎都是定言的，亦即其本身在客观方面是必然的，但是这只是为了加强修辞学的力量而以定言的方式来发出的命令，其所表明的仅是一个可能的行为之实践必然性，而这个行为是达成所意愿的另一事物的手段。因此，这种由于其义务而受法则的约束，其实仅是服从自己制定的但却普遍的法则，而且仅有义务依据他自己的意志而行动。在设想只是服从一项法则时，这项法则必然带有某项兴趣，因为它并非由意志产生的法则，而是另一物依照法则强制这个意志以某种方式去行动。但是由于这项完全必然的结论，寻求义务的一项最高根据的所有工作均注定失败。因为得到的绝非义务，而是出于某项兴趣的行为之必然性；这可能是自己的兴趣或他人的兴趣，一如诺伯舒兹那样。因为作为一个范例，其本身也得先依道德的原则来判定：它是否配充作原始的范例，亦即充作模范；但它绝无法提供道德的最高概念。因此，借由 1977 年的查尔斯·詹克斯（Charles Jencks）针对 20 世纪 20 年代的宣言所作的嘲讽回应："那

---

① 技术的令式（Geschicklichkeit）的问题不在于探求合理的、善的目的，而只在于探讨达成此一目的的合理方法，因此其所运用之理性为技术的理性。见：Immanuel Kant, *Groundwork for the Metaphysics of Morals.* 1785：36.

神学上和烹饪上的问题呢?"① 我们可以知道，没有任何经验能使人有理由甚至仅推断这种确然的法则的可能性，因为那些或许只是在偶然条件下有效的事物是没有权利被当成一切有理性者的普遍规范，并使之受到无限的敬畏，因此不可能从范例中撷取道德。而从所谓违背伦理令式的一方来说，其令式所说明的格律并不被当成一项普遍法则，同时这项格律的反面反而普遍地作为一个法则。因此，从同一的观点衡量一切，便可以在其意志中见到一项矛盾，这即是：某一项原则在客观方面是必然的普遍法则，但是在主观方面可能不是普遍地有效，而容许例外。但是既然我们先从一个完全合乎理性意志的观点去看我们的行为，然后又从一个受到爱好影响的意志的观点去看这同一行为，则实际上在此并无矛盾，但是有一种爱好对理性规范的反抗。由于这种反抗，原则的普遍性变成只是一种一般的有效性。

一如约翰·威尔逊（John Wilson）所言："伦理的概念……并不是作为审查员，而是作为一种创造性的力量，指引作品中的力量通往适当的终点。"② 因此当规范伦理作为评价标准时，我们便容易落入"自然论的谬误"——在忽略"应该是什么"是有着某种前提的情况

---

① 然而就像购鞋狂会因为迷恋一双皮靴而忽略了对鞋子的其他要求一样，在密斯·凡·德·罗与其众徒的手中，这种困顿的系统已经变得拜物化了。工型钢和玻璃板真的适合用于住宅吗？这是密斯·凡·德·罗没有想过的问题。每个建筑师都辩论过的适当性问题——从维特鲁威到鲁琴斯（Edwin Landseer Lutyens）都关切的"得体"与否，都在密斯·凡·德·罗一体化的规则、一体化的功能与地点终被废除了（他认为功能朝生暮死，太短暂了而不重要）。密斯·凡·德·罗第一次采用玻璃帷幕是在住宅而非办公大楼，显然不是为了功能上或沟通上的理由，而是他执迷于处理某些形式上的问题。在这个建筑案例中，密斯·凡·德·罗专注于工型钢和镶板、退缩、玻璃区、柱子和线条的比例。他在设计图上保持这些元素的全部细节，以便把握住所有他喜欢的部分。这样一来一个更大的问题产生了：如果住宅像办公大楼，如果两者的功能分不清楚，会怎么样？两者相等的结果当然就是功能的消灭和退让：生活和工作在最枯燥、最实际的层面上可以互换，各自的美德因而模糊了。两种活动在精神上的意义变得乏善可陈、不可预期，而且简略无味。一个建筑师何以能合理化这样一个表述不清楚的建筑？答案在于在过程中象征技术和材料变化的意识形态。现代建筑运动拜物化了生产方法，而在这些绝无仅有，梦呓般难以理解的神秘格言中，密斯·凡·德·罗对此种拜物有这样的见解："我看到了这个时代里，建筑在工业化中的主要问题。如果我们在工业化上成功，社会、经济、技术，甚至艺术上的困顿都可得以解决。"那神学上和烹饪上的问题呢？见：Charles Jencks, *The Language of Post-Modern Architecture.* Rizzoli, 1998（1977）：32-33。

② 见：Colin St. John Wilson. *Architectural Reflections* . Oxford, England：Butterworth Architecture, 1992：46。

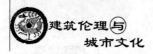

下将其简化为"是什么"。① 我们在评断我们行动的成果时总是不精确的，并且试图使用一些暗示着伦理思考的字眼，例如"好"或"错"，即便其中并没有任何道德问题或其中的道德性只是很微弱的一小部分。建筑美学论述的修辞学总是充满着"微弱的伦理学"或者一再被强调的宣言，好似它们是寰宇共通的，但是其实只是表达道德偏好的个人意见。建筑师试图在其表达中使用"好/坏"或"对/错"等词语，好似这些词语所拥有的是自然的、中性的特质。当我们读到或听到"好的"建筑师从"好的"意图出发，使用"好的"技术，制作"好的"建筑，或者当我们自己使用这样的表述方式，我们所听到或表达的宣言其实不是道德判断，而只是以一种劝告的方式对于某种品质提出一些意见。

在建筑中有一些拥有"道德律则"力量的格言需要绝对的遵守，这些成为律则的格言只有在工作室或事务所的对话中才会被接受。赖特的"形随机能"（Form Follows Function）以及密斯·凡·德·罗的"少即是多"（Less is More）是两个因为喜好而兴起并随之削弱的格言。建筑论述有非常多的部分是以情绪模式来操作的，当有人说"那是好的"，所谓的好指称的通常被视为属于特定情境的品质，这些品质无法逻辑地存在，因为这样的宣言其功能只在于表达或刺激某种情绪。"好"并不表达任何知识，它的功能只在表达说话者的感觉。"这是好的"并非描述性的，而是表述性的或者鼓动性的。一如康德所言："范例只有鼓励之用，也就是说，它们使义务的命令之可行性不受怀疑。它们使实践的规则以较普遍的方式表达者具体可见，但决无

---

① 帕纳约蒂斯·图尼基沃蒂斯（Panayotis Tournikiotis）从历史编纂的观点也有类似的看法。他认为，已被书写出来的现代建筑历史都是建基在一群表达"应该是什么（what-ought-to-be)"与"应该做什么（what-ought-to-be-done)"的立场之上。因此，这些彼此不同的历史，尤其是现代建筑史，在以相同建筑或事件为书写对象的共同基础上，会因为建筑史家基于不同的目标所设定的，关于社会、历史或建筑的信念，以及其所采用的各种不同的认知方法，以及模式的转化，使得其所建立的谱系学、诠释与描述彼此相异。而在这些历史中，要将事件或现象的诠释以及对于未来的宣言明白地区分是不可能的。见：Panayotis Tournikiotis, *The Historiography of Modern Architecture*. MIT Press, 1999：2-10。

法使我们有权抛却其存在于理性中的真正原型，且依范例行事。"① 对此，从规范伦理或描述伦理的探讨转往后设伦理②的讨论将是必需的。因此"理性"便应当供伦理作立法之用，而非只用来照顾爱好的兴趣，这意味着理性应该运用在定言令式的思考上，而非仅在于假言令式的思考或技术令式的实践。因此居住的概念事实上处于一个尴尬的立场。在此我们应当意识到这样的概念是其法则的制定者，而非一种禀赋的情感或谁知道哪一个监护者暗中授予它的法则之宣谕者。③

不同于自然哲学中的经验是用来为自然决定作为一切事物据以发生或不发生的法则，经验在伦理学中是用来为人类意志决定一切事物应当据以发生或不发生的法则。④ 然而一项法则若要在道德上有效，亦即作为一项责任的根据，就得具有绝对的必然性。因此，我们无法在经验的世界中而只能在纯粹理性的概念中寻求责任的根据；而且其他一切以纯粹经验的原则为基础的规范，甚至一项在某方面有普遍性的规范固然可以称为实践的规则，但绝不可以称为道德的法则。因此，密斯·凡·德·罗或诺伯舒兹等人的观点只能称之为某种居住经验的实践规则，但绝不可贸然以道德法则称之，更不可以此作为道德批判的标准或工具。因为我们绝不可能透过经验完全确实地形成任何一个范例，而当我们谈到道德价值时，问题往往并不在于我们看到的行为，而在于行为的那些我们看不到的内在原则。我们绝不可能透过经验完全确实地形成任何一个范例，因此以经验为基础、以形式作为判断指认建筑道德意义的依据其实是相当危险的，而唯一的依靠只能在纯粹理性的概念中寻求责任的根据。

---

① 见：Immanuel Kant, *Groundwork for the Metaphysics of Morals*. 1785：28.

② "后设伦理学"（即元伦理学）目的在于探讨道德语言的逻辑问题与语意问题，其意义在于避开传统伦理学"劝导"、"说服"、"命令"等性格，并站在客观的立场，对语言的意义作阐明和分析，以求得是非、善恶、应当或不可等义务或禁令的真正意义。

③ 见：Immanuel Kant, *Groundwork for the Metaphysics of Morals*. 1785：49.

④ 每一个自然物都依法则产生作用。唯有一个有理性者具有依法则的表象（亦即依原则）而行动的能力，就是具有一个意志。既然我们需要理性，才能从法则中推衍出行为来，所以意志就不外乎是实践理性。见：Immanuel Kant, *Groundwork for the Metaphysics of Morals*. 1785：32.

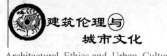

三

建筑形式操作中，美学一直是重要的判断标准，最终的建筑形式必然地也将会承载某种美学观念。① 尽管如此，一如阿尔贝托·佩雷斯—戈麦斯（Alberto Perez-Gomez）所言，美学形式的观点并不是我们面对建筑时所能讨论的唯一典范，而只是一个因为 18 世纪科学发达而导致的历史事实——在相信实证科学能够发现绝对事实的前提下，理性主义者将艺术（以及不科学的建筑）贬抑到边缘的角落——建筑在这样的历史事实下，不是只被视为形式的操作，就是被视为仅能恰当地解决外在于建筑师所能控制的计划所产生的内在状况。建筑在理性主义者的眼中成为仅能处理美学问题，不涉及伦理问题的一门学科，建筑讨论中的伦理思考也跟着被视为"外在于装饰营造者的形式操作"，而伦理本身则是自律的，包含在效率与经济中的科技价值典范里。② 因此，伦理与美学在建筑的讨论中不是被视为互不相关，就是被视为相互对立冲突的关系。

虽然伦理与美学这种两极化的对立后来又因为后尼采文化、科技与拟态的强势力量以及专业者的信念与兴趣等等所造成的"巴比伦塔"而更加恶化。但是，伦理议题其实一直是许多建筑议题主要的关

---

① 从中世纪、文艺复兴时期把人体比例视为一种符号，并与建筑比例等同起来以便将其论证为人体的建筑物；现代主义者如勒·柯布西耶（Le Corbusier）根据标准人体比例建立模矩，使人能够与建筑空间建立和谐的关系；到当代、后现代出现的各种不同的"主义"；建筑学的讨论中所争论的往往都是这些将建筑视为美的形式的各种美学思想。而以美学为基础，将空间或形式视为主角的建筑研究也一直是建筑学的重心所在。

② "装饰营造者"（ornamental builders）是贬抑建筑师的一种称谓，认为建筑师的工作仅仅是为建筑加上一些装饰。见：Alberto Perez-Gomez, *Architecture*, *Ethics*, *and Technology*. London：McGill-Queen's University Press, 1994：4.

心焦点，甚至是许多建筑运动、建筑论述与美学观念产生的基础。①

　　首先，"伦理"源自希腊语"ethos"，意指人类存在于世的习惯、风俗与特质，其哲学上的意义则是一种道德的科学，关乎人类的特质和行为，而不只是观念中的问题。② 作为一种包含行为规则的道德系统，其功能在于针对人类的体系或机制（这当然也包括建筑）提出能够确立人类存在于世的方法。因此，不同于单纯的美学或技术取向的问题焦点，在建筑领域中对伦理的思考，重心不在于建筑的美学、经济、技术或科技等问题（尽管这些对于建筑来说依然是很重要的），而是建筑如何"为人类行为找寻一个合宜的框架，满足、实践一种能够化解人与他者之间冲突的角色"③，"如何诠释、反映我们这个时代'实然'与'应然'的生活方式"，"如何帮助我们形塑我们所生活的世界"，以及"如何借由确立普遍性伦理让我们安居"等问题。在这样的思考中，材料、空间与造型的真假对错标准无关乎美丑与否，与美学无关，与经济、便利性等也无关，而是人性存在的"真实性"、"合宜性"与"正确性"的问题。④

　　其次，不同于哲学的实证主义与自然科学，伦理思考特殊的地方在于其内容是要说明哪些事物是好的，或是哪些事物必须加以抑制，因此，除了"真实"和"存在"，更重视"价值"。尽管为了引导出

----

①　在建筑实践的领域中，早在维特鲁威与其他同时代的人所提出的建筑原则中，将建筑师视为"提供给人们一个能够反映社会风俗与一般生活目的的人造世界"开始，到中世纪追求心灵苦修与来世救赎的概念，反映在基督教教堂精致的室内对比于粗糙的室外表现；从哥德时期对上帝观念的改变反映在教堂建筑形式风格的转变，一直到批判真实世界的现代主义运动与随之而来的后现代主义运动，为了寻找"现代世界的合理性"而提出许多的建筑计划与宣言；伦理的议题一直是以内化于建筑实践中而非外在于形式或技术活动上的方式，将伦理思考独特的逻辑（不同于自然科学的逻辑法则）注入建筑形式与美学的生产中。

②　见：Karsten Harries, 1997：4.

③　见：Alberto Perez-Gomez, 1994：3.

④　例如约翰·罗斯金（John Ruskin）在《威尼斯之石》（*The Stones of Venice*）一书中对于文艺复兴以及新古典建筑的讨论，便是从道德的角度提出他对于文艺复兴建筑的看法，他认为："尽管文艺复兴建筑的构造在其非理性中是被遮蔽的，但是，它并非是对抗我所承认的这种建筑形式……它基本上是非自然的、令人不愉快的、与无信仰的……。在其起源中的异教徒，在其复兴中的骄傲和邪恶的……智力是闲置的……所有的奢华是被满足，并且所有的傲慢是被增加的……。"见：John Ruskin, 1853：pp. 244-247.

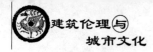

决心或决定，在伦理的陈述中往往是由那些"必须"、"一定"或"必定"等词语强调其控制的力量。但是，这些词语其实是一种"假设性的控制"，传达某种意志与恳求的讯息，表示其必要性而非强制性，以某些特殊目标忠告我们行动的路线。因此，伦理论述的力量是修辞学上的，而非强迫的，其逻辑规则建立在"事实"与"价值"、"实然"与"应然"的标准上。伦理的议题不但对于建筑实践的思考来说是根本而重要的，在建筑论述的领域中也有许多人也将此议题视为能够影响建筑实践的一种中介。①

从过去各种为了建立自身正统性而产生的建筑美学论述中可以看到，虽然建筑的伦理思考与建筑美学的思考无关，但是建筑的伦理思考最终仍必须要借由美学来实践。因此，建筑师以人作为主体的伦理思考，其结果将会使得伦理与美学在建筑实践中呈现某种整合的关系，并因为其形式成果对于当下既有形式限制的突破而形成新的美学标准。然而，从建筑美学的角度来看，这种新的美学在历史中通常随即便会不断升级，脱离伦理思考而成为一个独立的事件，并取得自身的绝对而成为某种固定的风格或手法。因此，即使某种风格或手法最初源自于建筑的伦理思考，其最终也必然被转化成为纯粹的建筑美学，成为另一个伦理思考所必需批判反省的对象。

这个现象意味着建筑形式的产生与伦理道德的判断是有关系的，同时，判断形式的道德意义对于美学发展的方向也有着决定性的影响。因此在现代，相对于美学的讨论，之所以会重新提倡伦理思考，便是因为这种伦理与美学相互转化所导致的结果，其目的是希望在过度重视技术、经济与建筑师个人特殊美感经验的建筑实践里，提醒建筑实践者以"人"为出发点的重要性。而许多认同"现代建筑所产生的美

---

① 例如德祖尔克（Edward Robert de Zurko）在其《功能主义理论的起源》（*Origins of Func-tionalist Theory*）一书中正是从这样的逻辑规则说明机能主义者应该遵循的目标："建筑应该反映并促成伦理或道德的理想，因为建筑物应该是真实的，而非虚伪的……。建筑物应该是其目的和其时代的真实表现。材料与结构系统应该被忠实地使用，以及诚实地表现……这实际上是一种优点……无用的装饰形式应该被拒绝……装饰呈现为一种显著的消费形式……。"见：Edward Robert de Zurko。1957：pp. ix ~ xii.

学是非人性的"这个观点的论述，更是试图借由伦理的探讨来改正普遍流行的现代主义美学，并试图提出新的美学观。

然而，过去这类研究大多是以共时性的观点将建筑视为静态的人造物，没有意识到意识形态本身本质性的改变，因此往往只是以形式为中心的经验性研究——例如"在某种既有道德观下何谓有道德的建筑"——为主要的方向，而掩盖、忽视了问题的真正核心——亦即"如何在不断转化的历史之中判断建筑形式的道德意义"。这种"作品形式中心主义"的讨论方式，造成了今日尽管各种流派、学说纷纷攘攘，但是对于研究真正的目的——"反省现代建筑"——来说，却没有任何真正的突破。更有甚者，在没有意识到伦理与美学的运作法则的思考之下，其实只是假借某种道德之名行个人的非道德之实，因此反而使得道德本身受到各种腐蚀：一方面，人们的思想常常不能对准伦理情境中的现实，而以非伦理学的方式去解决社会或思想中的伦理学问题；另一方面，不合时宜的陈旧伦理学思想又成为人们规避伦理现实的精神装饰。使得建筑师或理论家在实践过程中不是将建筑形式美学视为解决当下伦理现实情境的万灵丹，进而将美学中最初的伦理动机去伦理学化；就是根本放弃了自身理性与意志，仅仅以消费的心态来借用伦理思想史中的"伦理话语集合体"，从而抛弃了伦理材料在不同社会和心智环境中所产生不同的理性与实践的搭配关系；更有甚者，以偶然符合道德法则的美学表现，掩盖了其不是为了道德法则之故而发生的事实，借此偷渡那些非道德的根据以及违背法则的个人行为，就像许多以主义之名的形式主义者所作的那样。

因此，伦理与美学取向的整合在这些建筑实践中往往发生沟通上的断裂，使得建筑形式生产沦为建筑师出于本能和爱好，或是个人超现实的、潜意识的精神追求；建筑美学则被片面化为仅是众多可供选择的消费品之一。美学不再具有道德的思考向度与价值，美学生产的动力与逻辑便也从此由"伦理"思考转向为"消费"文化的思考。而导致这种实践上的错误，根本的原因往往是因为建筑师或理论家轻易地相信虚有其表的理论框架（由伦理观念衍生出的美学理论等），或

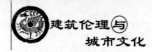
是轻易地认同伦理话语表面上的形式严整性（伦理思想史中的话语集合体），而没有依据理性判准来澄清伦理理论和实践各自的性质以及两者之间的关系所致。

从"反省现代建筑"这个议题来说，这些伦理论述的发问都是根据一个错误命题所提出的问题，其命题的根本错误在于全都混淆了"思维与存在"、"知识与价值"。这种类型的理论问题一旦展开，不是变成政治迫害的口实，就是变成愤怒而鲁莽的道德化批判，而无法说明为何早期被认为是出于人性的现代建筑到了晚期却转而成为非人性的表征。一如西奥多·阿多诺（Theodor Wiesengrund Adorno）所言："昨日曾经是机能的，在明日因此将成为相反的……即使是富于表现的、奢侈的、豪华的、与某些观点中可笑的元素都可能在某种艺术形式中曾经是必需的，并且一点都不可笑。"① 因此，这些以经验批判的方式进行的反省，无论有再多的人给予肯定的答案，一定会在另外某些人的眼中会是"无居住性"的，而这些建筑所运用的一切手法也在这些人的批判中被宣告为在道德层面上是不合法的，即使提出那些正面看法，试图予以反驳，这些看法通常并不会在不加渲染的情况下获得进一步的理解，反而更因此助长了原先的批判。而对于这样的批判，无法仅从建筑形式本身提出任何辩解，因为除了合适性之外，建筑形式自身纯粹的发展，甚至任何事物最终都会成为得以描述某个时代的形式，不可避免地堕入"无居住性"，成为符号。

诺伯舒兹、卡恰里对于密斯·凡·德·罗的批评就是一个典型的例子。密斯·凡·德·罗所认为的"正确的生活方式"与诺伯舒兹、卡恰里所引用的海德格尔居住概念有基本性质的差异，密斯·凡·德·罗对于"建筑诠释正确生活方式的方法"的想法也不同于诺伯舒兹

---

① 以物质的领域发展出的语言为基础，这个语言定义为必需的事物，只要在稍后的第二种语言中不再是合理的，在将来就有可能成为多余的，甚至是可怕的装饰。这就是我们所说的风格。昨日曾经是机能的在明日因此将成为相反的……即使是富于表现的、奢侈的、豪华的、与某些观点中可笑的元素都可能在某种艺术形式中曾经是必需的，并且一点都不可笑，因此以这样的理由批判巴洛克将会是粗俗的。对于装饰的批判其实批判的是那些失去机能与符号重要性的装饰，失去机能的装饰只是残留的与有毒的组织残缺物。

与卡恰里那种二元的思维方式，认为建筑仅是以具象的方式具体显现居住。因此，不论是引用海德格尔居住概念反省密斯·凡·德·罗的建筑，以黑格尔的时代精神来解释密斯·凡·德·罗的时代精神，①还是如菲利普·约翰逊（Philip Johnson）那样，以浪漫的方式来诠释密斯·凡·德·罗的建造艺术（图2），这些观点都忽略了"历史动力"（historical dynamic）②的因素，只是以他律的意识形态来取代密斯·凡·德·罗建筑中自律的内在逻辑，把作品从具体的社会历史中悬搁出来，将建筑视为一种物，专注在建筑中的细部、材料与营造性，片面地强调形式客体，无法看到不同的设计者在面对不同的环境与问题下所做的挣扎，并因此将密斯·凡·德·罗的建筑简单地理解为居住的反面；而密斯·凡·德·罗的建筑的"社会性"便在形式与内容二分的思考架构下被理解为某种超验性的载体而成为教化群众的工具。

借由密斯·凡·德·罗的宣言与建筑可以发现，这种单向的思考在检视密斯的建筑是否合理地形塑现代世界的伦理行为判断中，往往因为在两个层面上并没有"适当地"理解现代性，只是一种以形式为中心的经验性研究，看不见密斯·凡·德·罗的建筑自律的内在性与外在伪饰或物化压抑之间的矛盾，也无法检视密斯·凡·德·罗的建

---

① 弗兰姆普敦认为密斯·凡·德·罗的建筑仅是主体在精神上辩证精进的表现："以黑格尔哲学的观点来看，他（密斯·凡·德·罗）将这种意志视为历史决定的技术，系一项自明的事实，只能借由精神再精进。他后来作品真正不朽之处，即是基于上述精进的结果。"（Kenneth Frampton，1982：231）。因此弗兰姆普敦认为，密斯·凡·德·罗的建造艺术只是受到精神所支配、统治的物质。物质技术的历史在弗兰姆普敦的观念中被简化为线性的、凝固的、接近僵化的图像，在1995年的《建构文化研究》（*Studies in Tectonic Culture*）中，弗兰姆普敦便将技术精神化，将精神视为客观技术的再现："密斯·凡·德·罗认为同时是破坏者与供应者的现代技术的命运是二分的，他将它（现代技术）视为新精神的启示录造物者，视为现代世界无可逃避的母体。因为这样的缘故，使得他把对于建筑、类型与空间形式的焦点转移至技术，他总是认为后者（空间形式）一定会同时获得满足，不是借由自由无限制的开放平面，就是借由可改变的隔间。因此，对于密斯·凡·德·罗来说，建造的艺术意味着在平凡无奇的真实中的精神显现；经由营造形式对于技术的精神化。"（Kenneth Frampton，1995：207）．

② 阿多诺认为，历史原动力将会使得任何以材料为基础发展出来的合理事物只要在稍后的第二种语言中不会再是合理的，而有可能成为多余的，甚至是可怕的装饰。一如他所说的："昨日曾经是机能的，在明日将成为非机能的。"另一方面，富于表现的、奢侈的、豪华的、与某些观点中可笑的元素却都可能在某种艺术形式中曾经一度是必需的，并且一点都不可笑，因此以形式的理由批判形式将会是一种粗俗的方式。见：Theoder W. Adorno，1979：30-41.

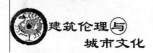

筑自律的形式所蕴藏的介于社会或现实的意识形态之间的张力。因此，不但无法恰当地指出真正的问题与正确的方向，也没有对于作为建筑意识形态的"居住"作适当地了解（暂且不问海德格尔概念本身所带有的种族问题）。

图2　菲利普·约翰逊设计的玻璃屋（Glasshouse）

（来源：http：//en. wikipedia. org/wiki/Glass_House）

首先，不但以二元论的方式来理解实际上是反对二元论的海德格尔居住概念，也没有进一步地讨论海德格尔的"在世存有"，取而代之的，这样的方式将居住与无家感视为对立的两端，而不是强调"无家感是人类不可避免的存在本质，是我们存有的阴影，只可以将其淡化，但是却不可能将之消灭"①。这样的方式认为"应然"、"价值"与"实然"、"事实"之间的关系只是一种逻辑界定的关系，真理并不是借由"赦免"与"保护"从作品中显露自身，也不是如海德格尔所说的让其回到原来的本质，回到本身自然的状态；而是成为由外部所加诸的一种形式意愿。因此，意识形态与建筑成为纯然二分的两端，意

① 朱利安·扬（Julian Young）的讨论主要来自于比较海德格尔早期与晚期思想。他认为："但是，海德格尔现在说，人的生活现在并不是面临深渊。为何现在不是？海德格尔认为不要只看到表面的意思，存在就像是月亮，一个球体，而显现只不过是它光明的一面。以这样的方式来了解存在者对于了解死亡是个很重要的暗示，因为这样的思考方式让我们将死亡视为月亮黑暗的那一面。他又说，这黑暗的一面对我们来说好像是否定的，但是其实只要我们了解到这也是存在的另一种形式就不会认为它是否定的了。"见：Julian Young, 2000：189-191。

识形态是自己居于支配的地位，而建筑则只是受支配于意识形态，只是意识形态的显现。

其次，如果如德索拉·米拉雷斯（Ignasi de Sola-Morales）所言，海德格尔的文章作为"原初伦理材料"，不是一位哲学家对战后所发生的现象进行深奥的沉思，而是针对第二次世界大战刚结束时城市（尤其是住宅）的重建需求而对不同领域的专家学者共同思考居住问题所作的具体回应。① 他之所以认为"思考"与"存有"之间的分离，以及现代世界中强调科技与经济造成了当下存在的疏离化，主要是为了说明，住宅的问题必须从本质的观点加以思考，当代的人与城市以及世界之间的关系已经不再具有似乎合理与丰富的关系，因此，住宅重建的需求并不是集合住宅短缺的问题，而是现代人的情况所造成的一种结果，则诺伯舒兹与卡恰里也忽略了原初伦理话语集合体在不同的时代社会和心理条件要求下，会因为不同的理性与实践的搭配关系而会产生新型态的伦理精神② （当然此一议题不是本文所欲探究的）。

再来，如果采取更为激烈的第三种立场，认为海德格尔借助"存在于世"（Dasein）来讨论人的方式，③ 只是借助"存在"（Sein）将Dasein玄学化，并否定Dasein之伦理学方面的意义，使得道德和伦理

---

① 见：Ignasi de Sola-Morales. *Differences：Topographies of Contemporary Architecture.* MIT Press，1997：72。

② 不同时代的社会和心理条件要求不同的思想系统配置，因此伦理思想史有如一座层层累积的多层话语集合体，其中原初层次可能成为永恒的核心和实体，但它在不同的社会和心智环境中将有不同的理性与实践的搭配关系。不断丰富理由和原因诉求使其作用环境不断变迁，遂产生了种种新型态的伦理精神。在今日的科技时代，伦理话语集合体的意义绝未泯灭，但它要求更合理的情态本能与现代理性间的平衡关系……原初伦理材料和此材料之社会应用仍维持各自重要的功能。见：李幼蒸，1997：9。

③ 在谈到希腊时代"伦理学"一词的根源时，海德格尔说："存在为人类原初真理，人作为存在者进行思考，早期伦理学亦为存在的一部分。但对伦理学的这种思考并非伦理学的，而是本体论的。本体论永远只思考在其本身存在中的在者。"（Heidegger，1978：353）他特别强调伦理学一词与柏拉图之前和同时的思想的不可分性。至亚里士多德，伦理学只是 Ethos（可泛指道德、习俗、精神），即一开放的，供人生存的领域（Heidegger，1978：350）。在此原初真实状态中，存在者可保持其本质。伦理学似乎成为人对存在思考的一部分。这种玄学化解释使伦理思考失去了其人本经验和社会的基础。"在人本主义中，重要的不是人，而是在其存在真实性传统中的人之历史本质。"（Martin Heidegger，1978：339）。

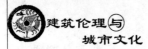

问题因为被海德格尔存在论以"避谈"的方式所掩盖而导致人的抽象化。因此，引用海德格尔的居住概念，试图让人回到人性的居住，不是只会是以普遍性的本质抹杀人的真实性；就是只会因为提倡哲学超越言词，不谈善恶，只谈本体，更为彻底地否定伦理思考，以"忽视"的方式间接使其失效于无形，而使伦理的问题不再成为哲学思考的中心。① 就像是吕克·费里（Luc Ferry）与阿兰·勒诺（Alain Renaut）从马克思主义的观点所认为的，在海德格尔这样的讨论方式下，"人"的定义便有某种"本质"，所以人可以被分成真实的与非真实的，恰当的与不恰当的，而人与人之间的差异便因为定义的普遍性而被刻意地抹杀掉了。② 而另一位当代存在主义哲学家伊曼努尔·列维纳斯（Emmanuel Levinas）也批评说："存在是这样的世界，它不是几何空间的点，而是人，与他人，为他人的具体会众场所。共在的存在性，即在此关系的互在性中与他者的共在。"③ 因此，必然有一个社会中人与人的相互关系问题，此社会关系将提出人本主义判准。海德格尔运用含混的字眼，通过本体论语言修辞学使伦理学逻辑失效，以瘫痪一切人本主义论证。④

这种将"居住"理解为与现代性不相关的，可以超越历史局限性的概念，一如希尔德·海嫩（Hilde Heynen）所言："好似居住完全置外于想要改变的欲望，或者面对现代性就意味着无家感以及居住就此终结。"⑤ 而对于建筑的思考在他们这种随着现实利益的变迁而改变其"钦定"的价值观念的讨论方式，或者技术性地将解救社会的方法以

---

① 海德格尔在20世纪使本体论形而上学发生了根本改变，他企图解构传统形而上学，但又创造了更为玄远的存在论形而上学，其存在主义运动使西方哲学与现实世界全面疏远。尽管他循尼采立场，但是尼采和弗洛伊德自身均未否定伦理本身，只不过质疑历史上一定型态的道德观。而海德格尔却运用含混的字眼，通过本体论语言修辞学使伦理学逻辑失效，以瘫痪一切人本主义论证。见：李幼蒸，1997：65-66。

② 见：Luc Ferry and Alain Renaut. *French Philosophy of the Sixties*. University of Massachussets Press，1990：3.

③ 《哲学手册》1988年3月号，260。

④ 见：李幼蒸：《理论符号学导论（二）：语义符号学》，台北：唐山出版社，1997，第65-66页。

⑤ 见：Hilde Heynen. *Architecture and Modernity：a Critique*. MIT Press，1992：xx.

一些工具作为判断的标准中，失去了文化脉络中的批判理性与现代性的深度，而建筑形式的道德判断便也因此局限在历史主义与前卫主义两个极端二元对立的方向中摆荡,[①] 不是如一些所谓的后现代主义者，选择历史主义，倾向于场所的和谐与有机的互动，创造一种完全虚幻的、无时间性的居住；就是如一些自称解构主义者的建筑师,[②] 选择表达空虚、无声与碎片的前卫主义（图3），拒绝以安全与庇护相关的居住中那种对于"回到家"的需求与期盼，或是完全地配合普遍的生产与消费模式。

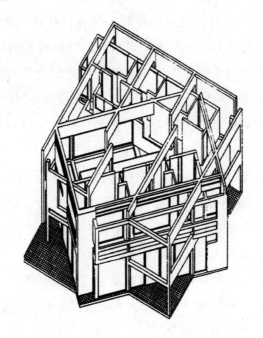

图3 彼得·艾森曼（Peter Eisenman）：住宅Ⅲ

（来源：http://www.dkolb.org/arch.urb/catac-dk.html）

---

① 前卫主义与历史主义这两个发展方向，前者完全地配合普遍的生产与消费模式，追随密斯·凡·德·罗"近乎虚无"的理想，寻求将建造的工作缩减成巨大尺度的工业设计，生产一种设施完善，包覆完善，毫无夸张的机能主义，其中光滑的玻璃墙的"无形"将造型减缩至静止的程度。后者则是显著的"有形"（visible），采用砖石的封闭造型，在有限的"禁闭"（monastic）区域里合理配置开口。这样的"领地"常常是内向性的，对于所处之物质与时间的连续性相当漠不关心。见：Kenneth Frampton, 1982：10.

② 如彼得·艾森曼（Peter Eisenman）、丹尼尔·里伯斯金（Daniel Libeskind）、伯纳德·屈米（Bernard Tschumi）与约翰·海杜克（John Hejduk）等。

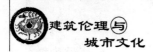

这种二元对立的、形式的思维方式（历史主义与前卫主义、居住与无家感、意识形态与物质形式等）不但对于我们今日建筑与居住的问题未能提供适当的解决，同时也因为将建筑内在的模糊性与不透明性视为一种限制而不是视为有价值的部分，将建筑中伦理的思考简化为外在于建筑的独立主体，而忽视了建筑对于发展伦理观念的能动性。如果如阿尔贝托·佩雷斯—戈麦斯所言，在摆脱这种二元对立的局限性，并将眼光跳脱形式（风格）相对主义与实证的专业主义之后，我们才得以借由开发一些能够显现潜在伦理意向性的信念来重新思考建筑表现伦理议题的能力，以及伦理与美学在现代整合的形式。① 则在探讨"建筑是否让人居住？"这个问题时，以超越性的居住概念为基础，将建筑形式的物质性作为讨论我们当代建筑居住问题的检讨对象将会无法掌握历史的辩证过程，不但因为无法理解现代主义建筑中潜在的伦理意向性而仅成为一种无效的批判，也因为将另一个善的意志予以偶像化，成为纯粹理性的幻影而只是成为另一种异化的开始。

因此，就像是"机能主义的问题不等同于实际机能的问题"② 一般，在这里，伦理的问题也不等同于实际经验伦理的问。密斯·凡·德·罗及其批判者所建立的法则根本不存在所谓的绝对必然性，因此，在伦理的判断中以形式作为判断的标准将会是可笑的，以形式批判形式甚至会是个可怕的谬误。过去在建筑思考中普遍流行的形式的目的论正在受到挑战，我们必须重新思考我们习惯的那些思想前提。因此，超越过去早已习惯的那种抽象/具象、传统/现代的二分法，更多地关注现代社会实践中的那些创新的因素，进而重新检讨建筑寻求现代性的历史条件和方式，将会是迫切的理论课题与必要的方式。而借由说明密斯·凡·德·罗在建立其所谓的个人风格时所依循的因素，来重新考察密斯·凡·德·罗作品中形式与意识形态之间的根本性质，以说明密斯·凡·德·罗如何面对主体自身的意志力以及客体本身所必

① 见：Alberto Perez-Gomez, 1994: 4.

② 见：Theoder W. Adorno, "Functionalism Today", 1979: 30-41.

须遵循的逻辑之间的冲突，并在详尽地分析密斯·凡·德·罗作品中的形式、技术与材料之后，将传统讨论营造性的焦点从材料本身转移到制作的方式，再说明通过这些形式要素所展示的社会姿态，以及其产生谬误的原因所在。似乎可以让我们更清楚地厘清其间的问题，不致于只是被一大串徒具意义的后设语言所掩盖；同时更将是当下重新整合建筑实践中的伦理与美学，超越当下形式生产限制的关键。

四

对此，也许新左派的观点可以策略性地砍断原先所树立的障碍，并借由重新联结自己的石头以"移开石头"，并提供某种出路（虽然这样仍然只是考虑此一意识形态最表面及最直接的一面，无法分析其历史任务耗尽之后衍生的、纵横交错的黏滞性）。基于新左派对于现实异化的基本估价，艺术的内容不再是一种外在的意义，而是显现于形式的，作品的社会性不在于它作为某种超验性的载体，而在于它自律的形式所蕴藏的同社会统治体系或现实的意识形态之间的张力。也就是说，艺术作品的社会意味是作品形式本身所存在的批判能量，而不应是任何外在于这个形式客体的主体所赋予或强加的某种观念。因此，对艺术作品的释义必须是一种"内在批评",[①] 不是从理念式的唯心主义出发，将某种观念理念偶像化，而是要根据这种存在于各种不同的、独立的、具体的形式对象之中的"内在性"，抓住它自律的内在性与外在的伪饰或物化压抑之间的矛盾。

因此，如果要讨论建筑诠释正确生活方式的方法，从创作者，亦即建筑师本人的想法而不是以他者（或某种存在于想象中的理想的创作者）的概念作为出发点来理解其建筑，将更能够得以理解此一建筑所致力的目标与方向，以及创作者在建筑的符号、空间、形式、材料、

---

① "内在批评"是瓦尔特·本雅明（Walter Benjamin）在《德国浪漫派艺术批评的概念》一文中提出来的，他认为批评应当把艺术作品当作自律的、独立的整体，而不是设立外在的标准强加于它，使它成为它律的工具。

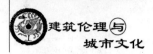

技术等方面所表现的意图。在了解创作者的意图之后，进一步地必须检视建筑的主体意向与其所存在的当下周围客体环境逻辑之间是否有着相互矛盾的冲突，强调作品当时在社会文化中的相关位置而不是仅是作品本身，以理解其建筑在当下所试图把握的各种多方面的变化，以及设计者在面对各自不同的环境与问题下所做的挣扎。如此，当我们对于可能成为永恒核心和实体的原初层次能有着更为适当的理解时，则无论是要对原初层次的伦理意图作出个人的价值判断，或者是要对其在不同社会和心智环境下的不同理性和实践的搭配关系提出看法，甚至是要对其不断变迁而产生的新型态伦理精神提出理论上的探讨，我们才可以因为超越其在当下建筑设计中所采取的策略，并掌握概念背后的伦理企图，而得以更合理的情志本能维持原初伦理材料和此材料之社会应用各自重要的功能，并且对于我们今日所必须面对的问题以及我们所欲追求的与现代理性的平衡关系提出更为积极的意义。

从这样的观点再次回到密斯·凡·德·罗的建筑，我们发现，尽管密斯·凡·德·罗在理论上可以说是一个现代主义者，对于建筑创作的初次尝试与探索也都与建筑先锋派紧密联系在一起，但是密斯·凡·德·罗对现代建筑的调和性、延续性以及辩证使命所抱持的批判态度，使得他在其独特的方式所坚持的道路上与现代建筑先锋派之间保持着模糊不定的关系。对于密斯·凡·德·罗来说，他的建筑是不断辩证的产物，而辩证的动力来自于居住的追求，亦即面对当下的生活，又追求永恒。从砖砌乡村住宅项目（Brick Country House，图4）、吐根哈特住宅（Tugendhat House）、范斯沃斯住宅（Farnsworth House，图1）到50加50住宅（50 plus 50 House），再到柏林新国家美术馆（Neue Nationalgalerie，图5），借由建筑客体介入主体的方式创造新的居住，同时也改变对于建筑客体在技术能力以及营造的看法。所谓的居住，对于密斯·凡·德·罗来说，是不可以预先得知的，并非先验的、给定的，而是当下生活的过程，是不断改变的、常新的。因此，他并没有明确地说明什么是"居住"，也不认为建筑与居住是二元对立，建筑的意义仅是让本质显现。在这种不同于海德格尔所说的四位

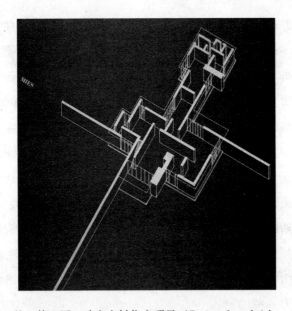

图4　密斯·凡·德·罗：砖砌乡村住宅项目（Project for a brick country house）

（来源：http：//davidhannafordmitchell. tumblr. com/page/355？ route =／page/：page）

图5　密斯·凡·德·罗：柏林新国家美术馆（Neue Nationalgalerie）

（来源：http：//pl. wikipedia. org/wiki/Neue_ Nationalgalerie）

　　一体的概念下，建筑并不仅是单纯地反映居住，或是精神形象化的结果，材料与技术所表现的含义也不是如海德格尔所认为的是本质性的，取而代之的，它们是被创造出来的。对于密斯·凡·德·罗来说，"建筑如何让人居住？"这个问题不是借由具象的建筑语汇与造型来达成，甚至根本不是具象与否的问题，如果密斯·凡·德·罗在其

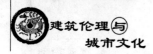
建筑思维中并不重视作为其起点的物质本体，而强调其存在于具体物质运动形式中的辩证过程，则是真理还是谬误，是居住还是无家感的是非功过，都不可能单凭讨论一些范畴，诸如抽象性、建筑技术或材料，便作出决定的，而只能根据这些范畴在建筑作品中的具体结晶来判断：具体地而不是抽象地讨论密斯·凡·德·罗的抽象建筑，将密斯·凡·德·罗的建筑不是看成事物而是范畴，并考虑许多规定性与相互关系，而不是脱离整体的范围，从关系以及关系和其他关系的关系来分析社会现象。

对于密斯凡·德·罗来说，他并不反对他所做的建筑成为一种风格（虽然他反对其他过去的风格）。到了1960年之后，密斯·凡·德·罗甚至转而将建造艺术沦为追求自身的绝对，凭借风格化原则使其崇高化，成为一种语言：

我追求的并不是建筑，我追求的是作为语言的建筑，我认为为了能够使用语言你必须学会文法。没错，语言必须是活的，但是你仍然以文法为基础，这是不变的。当你使用它，你知道，在一般的目的你说的是散文，如果你应用得当，你可以说出很好的散文，而如果你真的说得很好，你就可以成为诗人。但是它仍然是同样的语言，这是它的特色。诗人并不会在每个不同的诗中创造不同的语言，那是没有必要的，他使用同样的语言，甚至使用同样的文字。在音乐中大部分的时候也都是相同的音符与相同的乐器，我想在建筑中这也是相同的。①

正是其宣言中传达出的居住概念与营造性概念，使得密斯·凡·德·罗的建筑相对于同时代的其他人来说呈现出一种不一样的特质，但是，也正是因为其对于艺术的看法而与其他现代主义者有所不同，使得密斯·凡·德·罗的建筑一直都是固定和一成不变的。最初密斯·凡·德·罗将建造艺术带回绝对的原点，让建造直接出自它自身

① 见：Mies van der Rohe, 1964.

的建造状况，因此，这些作品不再只是理性的描述，而是在自身的意识中产生形式。他表达一种非艺术的形式，这种形式不是美学的产物，而出自于科技与机械自律的逻辑。这种独立的形式创造，挣脱原型的压抑，并摆脱模仿的原则，因此形式创造越来越少是由外而内，而越来越多是由内而外。密斯·凡·德·罗对抽象性的发展，表现出拒绝向当代社会无法解决的不和谐作妥协，他早期的作品，如玻璃塔（Glass Tower），已脱离了虚假的调和，带着真正艺术家的非自觉性，密斯·凡·德·罗为了抗议强加于人的异律性秩序，以无意识的冲动来表现它们的矛盾。但因为抽象性不惜一切代价避免具象性，完全以漠视秩序和任其听从法则选择的领域角度来认识内在性的倾向，却导致离开纯粹的随意性进入一种以工业化的建造技术为基础的新秩序中，密斯·凡·德·罗以一种保持和古典传统接触的方式把他的冲动客观化了。工业化的建造技术语汇是他早期建筑的辩证产物，而不是外在秩序径直强加的。

通过回到建筑自身的逻辑，尽管密斯·凡·德·罗能够从外在社会势力的压力下保持自身的一些重要东西。但是，在转向能够克服异化和矛盾的建筑形式时，密斯·凡·德·罗也使自己顺从了资本主义自我毁灭的矛盾特质以及社会范围内的永恒异化，使得原本是差异的工具，却变成了重复的大本营。

密斯·凡·德·罗实际上用特有的语言抛弃了现实主义的完整的现实表面，使其同伪饰的现实语言相背离；而在现实主义所运用的现实语言里，那种"名称与对象的一致"是虚假的、强制的、欺骗的一致。因此，密斯·凡·德·罗的"否定的力量"就在于取消这种一致性，是对异化现实的再一次异化，即对异化的异化，对否定的否定，它绝不是意味着肯定，因为这只是实现梦想的战略，而不是已成为的乌托邦现实，因此其所产生的形式结果不能在不加批判分析的前提下被采用，而是必须一如阿多诺所说的：

建筑，的确在每一个目的性的艺术中，持续的需要美学的反省。

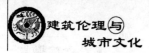
……事实上，真正的美学必须要不断的否定。……美在今日并没有其他的量测方法除了检视作品解决冲突的深度，作品必须要揭露并且解决冲突，而不是要掩盖它们。单纯形式上的美，不管是什么，都是空虚的与无意义的；这种内容的美迷失在旁观者的感官愉悦中。美如果不是多方力量冲突下的结果就什么也不是…今日的美学思想必须借由对艺术的思考来超越艺术，因此它将超越现在对于目的性的与非目的性的争论与反对。①

虽然关于什么是建造艺术的定义在密斯·凡·德·罗观念中开始就是以过去的状况为基础，但是因为它的法定化是通过它与它的变态的关系来进行，同时，它始终与它将要变成的前景保持联系，因此密斯·凡·德·罗所致力的工业化应该只是历史发展必然的结果，而建筑一开始应该是没有先前的类型可以遵循的，或是说这些类型并不是用来遵循的，唯一遵循的原则只有合理性的问题。

五

密斯·凡·德·罗所提出的想法在当时并非是独一无二的②，而

---

① 见：Adorno, 1979：40-41.
② 这样的想法甚至是当时各个领域共同的倾向。大致上来说，这些同时代的建筑运动所造成的建筑物组织与外观上的变化，主要都是由探讨机械时代的本质以及建筑具有的社会性意图的一些先验理论而产生的结果。这些理论结合起来形成一种强而有力的"机能主义的"建筑，这种建筑的意象大部分是由表现主义、立体派或新古典主义的美学理论所创造出来的，并且成为整个前卫运动中最活跃的一支，而且希望透过探求建材与技术的建筑潜力以及艺术的方式能解救社会。早期的现代建筑运动建筑师，并不认为他们所做的建筑只是另一种不同的风格，是对过去那些东西的换班。一如格罗皮乌斯所说的："包豪斯的目标并不是要宣传什么'风格'、体系或教条，而只是对设计施加一种使之新生的影响。一种'包豪斯风格'可能已经成为失败的一种证明，一种失去活力的惰性又卷土重来……"由于这个原因，他们并没有浪费太多时间去证明新原则在理论讨论和方案中的优越性，而是更热衷于找出每一个机会，来表明这些原则可以成功地适用于具体问题。决定性的争论事实上就是实验；需要说服人们，新建筑比旧建筑好。只有以这种方式，才能使证据家喻户晓，新建筑才能成为普遍的需要，而不只是少数人的文化态度。

是与当时一些前卫建筑师有着或多或少相通的观点①。不过密斯·凡·德·罗的影响可以说是全世界的，不管是正面的抑或反面的。一方面其所提倡的构造细部明澈性、简洁性、精确性与完整性等这些观念，引发了当代建筑思想的演变，造成战后美国许多建筑师的争相仿效，而为20世纪50年代及其尔后多数建筑作品的主要特色；另一方面20世纪70年代之后，后现代建筑的古典主义复兴的热潮，也可说是对密斯·凡·德·罗全面攻击的结果。然而在上述问题未经充分理解之前，密斯·凡·德·罗的观点以及格言已被这些理论的前导者认为是建筑设计学习或者是反省的对象。一旦这些格言被视为学习对象，则建筑领域中知识与方法的发展，不免受到字面上的意义的影响，例如，菲利普·约翰逊（Philip Jonhson）认为："相较于勒·柯布西耶来说，密斯·凡·德·罗的建筑少了一点工厂的样子，多了一点古典"②、"如同早期凿刻柱头或描绘壁画时所必须具备的，他以同样的品位与熟练的技巧，将钢材本身、钢与玻璃、钢与砖块衔接在一起"。③ 这种一般性、抒情、通俗的观点，其实便是在陈述他对于密斯·凡·德·罗所

---

① 例如1914年的保罗·西尔巴特（Paul Scheerbart）与安东尼奥·圣埃里亚（Antonio Sant'Elia）便都曾提出类似的宣言。保罗·西尔巴特在1914年的宣言"玻璃建筑"（Glass Architecture）中认为："我们大多生活在封闭的空间中，这也就是我们的文化生长的地方。我们的文化是我们的建筑的产物。因此如果我们希望提升更高的文化水平，不管喜不喜欢，我们必须被迫改变我们的建筑。只有去除居住的空间中的封闭特质，才有可能。然而，这点只有藉由采用玻璃建筑才能做到，容许太阳、月亮与星星的光线进入房间，不仅是靠几片窗户，而是穿透尽可能多的玻璃墙面——彩色的玻璃。我们创造的新环境一定会带来新的文化。"（Ulrich Conrads，1964：32）。西尔巴特的观点与社会—文化的连带关系，1918年建筑师阿道夫·贝内（A. Behne）再加以扩充："玻璃建筑将带来一种新文化，这不是诗中疯狂善变的想法。而是一项事实。新的社会福利组织、医院、发明或技术革新与改进，这些东西不会带来一种新文明，但是玻璃建筑可以……。因此，欧洲人担心玻璃建筑可能变得不舒适是正确的。当然，事实将会如此。这并非玻璃的缺点。因为首先，欧洲人必须扭曲他的舒适。"（引自Kenneth Frampton，1980（1982）：117）。安东尼奥·圣埃里亚则在1914年的宣言中提出："现代建筑的问题，不是重新排列线条的问题，不是发现门窗的新造型和新线脚的问题；也不适用女像柱、大黄蜂和青蛙来取代圆柱、壁柱或用石头或用抹灰泥罩立面的问题。一言以蔽之，这不是在新旧建筑之间选择不同形式的问题。而是在一个合理的平面上升起新的建筑结构，集中科学技术的每一种效益，很得体地安排我们的习俗上和精神上的每一种需求……这样一种建筑，自然是不能遵循历史上所延续的法规。建筑必须随着我们思想状态的更新而更新，与我们所处的历史时期相吻合……"（Ulrich Conrads，1964：34）．

② 见：Philip Johnson，1978：205.

③ 见：Philip Johson，1932：xx.

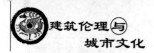

表现出的冷酷客观性的热爱之中，将新建筑视为一种新的"样式"，以一种"新的品位"取代了原本的密斯·凡·德·罗。并且，因为没有适当地理解密斯·凡·德·罗的想法，完全关注于建筑实体的材料、细部与构造法则，甚至一如西格弗里德·吉迪恩（Sigfried Giedion）所说的："衔接美国本土的'商业的古典主义'精神，因此其理论是必须加以检验的。"① 另外，相较于密斯·凡·德·罗的建筑强调抽象性、工业化与标准化的观点，后现代建筑中则不乏如查尔斯·詹克斯（Charles Jencks）与罗伯特·文丘里（Robert Venturi）所说的复杂性、矛盾性等等这些出于反省现代建筑的理论，其定位也同样值得反省。

因此，密斯·凡·德·罗所提出的时代精神（Zeitgeist）与建造艺术（Baukunst），是一个与此相关，而且必须要重新加以讨论的观点。密斯·凡·德·罗认为，必须以建造艺术来取代建筑的观念，以脱离形式主义的思考。建造艺术是时代精神空间性的表现，在这样的观念下他提出"少即是多"，"上帝就在细部中"，"近乎虚无"等对于现代建筑的发展来说是相当重要的观念，这些观念也都被自认为现代主义者继承人的后继者奉为圭臬，然而，密斯·凡·德·罗的这些观念的形成应该与当时深层的时代气氛有所关联，例如，同时代的格罗皮乌斯所提倡的"工业化、标准化"的观念，其背后也有类似的时代性隐喻。因此，建造艺术是否因此只是强调机能与材料，只是专注于建筑技术的表现，恐怕需要进一步的讨论；而其时代性隐喻是否只是一简单的具现与再现关系，更是需要小心的检验。除非我们能清楚地认识时代精神与建造艺术之间的正确关系，否则片面的理解时代精神或建造艺术的意义，其结果将可能只会导致简化这两者之于密斯·凡·德·罗的意义，同时也将简化密斯之于我们的意义。

尽管密斯·凡·德·罗的观点与其他同时代的主义不尽相同，但是相同的是，这些观点主要都与20世纪初期各个领域的文化氛围处于

---

① 见：Sigfried Giedion, *Space, Time and Architecture: The Growth of a New Tradition*, Cambridge, Massachusetts, 1983（1941）：558.

不同程度的焦虑不安有着密切的关联。① 在当时这样的社会氛围下，密斯·凡·德·罗所尝试的建筑作品因为勇敢地探究建筑在现代世界中的合理性而被视为是道德的先锋，其想法与形式成果在这样的环境中也逐渐为众人所采用与仿效，并且发展出可以以"Miesian"称之的特殊形式风格。然而，随着现代主义的发展，这些形式成果却也开始与周遭环境以及历史传统失去了联系，并逐渐脱离了其原先伦理动机所搭配的社会与心理条件；形式上唯美的、光滑的、机械的、不加修饰的特性被单独地强调出来成为一种美学，尤其是第二次世界大战后，这样的美学甚至进而与资本主义的利益合而为一，而原本在 20 世纪 20 年代作为进步与人性表征的形式，在 20 世纪 60 年代后则开始被倒转为环境灾难的象征，因此密斯·凡·德·罗的想法与作品，尤其是那些密斯·凡·德·罗在 1938 年后的建筑，到了 20 世纪 60 年代之后不是以某种看似合理的理由来解释其世界性的影响，就是受到各方从各种不同的论点与角度，例如专业者实践、历史传统、政治经济或伦理学等等的强烈批判。②

尽管这样的改变不可不谓具体化过程中的必然，但是因为每个历史阶段都有其各自合理的准则，而只有当它触发了整合智识模式与生产发展模式的机制的时候，所谓的抽象劳动与具体劳动才会以新的观点呈现自己。如果我们所凭借的基础其实只是一个不断位移的现代建筑，则面对这样的改变，仅是技术性地站在过去既有的基础上，线性因果地思考未来，其最后的结果将只会以众多的盲点来取代其中丰硕的可能性。因此，与其说是将密斯·凡·德·罗的建筑及其批判视为聚焦的对象，毋宁说是将他们视为一个窗口，而透过此一暂时的结构，

---

① 当时一方面正处于旧世界逐渐瓦解，工业化方兴未艾之际，各种新的工业生产方法与新材料不断出现；另一方面再加上第一次世界大战后百废待举，大量且迫切的重建需求，以及战争在物质、心理和道德方面的影响，使得继承启蒙运动遗产的人们认为必须要消除过去固有的习惯和制度，才能恢复基本的理性与和谐；这使得人们将被认为具有内在合理倾向的技术知识视为可以是无限进步的一个保证。

② 例如简·雅各布斯（Jane Jacobs）、罗伯特·文丘里（Robert Venturi）、阿尔多·罗西（Aldo Rossi）、哈桑·法特希（Hassan Fathy）等的著作，或者如查尔斯王子所说的"玻璃碎片"。

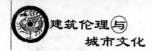

本文的目的在于希望借由不同类型资料的并置与排比而指出现代建筑在上个阶段的整合，借此能够看到整体文化、社会、建筑在传统与现代之间的摆动，呈现出过去所达到的成就以及所面对的困境，并为未来在界定我们自身与它者之间差异性的工作上提供知识论与认识论的基础。

从这样的观点与这样的分析，最终要说明的并不是"密斯·凡·德·罗的建筑所表现的形式以及材料使用的营造性反映的是绝对、纯然的人性居住，是我们今日所必须重新加以学习、仿效的对象"，而是在于弄清楚这些案例中的形式是如何与材料以及使用功能相协调，借此说明的是密斯·凡·德·罗的建筑形式是在一种人性伦理的概念基础下与当下的精神、物质环境取得某种动态的平衡，从而能够透过它们认识到密斯的动机是对于当下人性居住的追求，但其建筑成果只是一种暂时的策略，绝不因此就是绝对的居住表现，可以毫无限制地不断提升终至超越时间与空间的限制。而在这样的概念下，一方面，密斯·凡·德·罗自身在不同的社会和心理条件下不要求不同的思想系统配置，而从既定形式表征的角度出发来思考建筑的伦理功能是没有道理的；另一方面，以先验性的论述框架作为讨论的方式，或是从不同的伦理律则来评论密斯·凡·德·罗的建筑的伦理功能更是没有任何积极意义，无法真正地说明密斯·凡·德·罗的建筑中的问题。

因此，尽管笔者选择以密斯·凡·德·罗及其批判者作为讨论对象，然而本文所欲探讨的问题并不在于如何诠释某种特定的居住经验与伦理，而在于探究伦理与美学之间的思考规则，亦即伦理与美学之间纯粹的先天原则。[①] 透过重新讨论密斯·凡·德·罗以"抽象的形式"表现"具体的居住"的建筑，本文的企图在于探讨理解建筑的方法，因此，本文的目的并不在于借由诠释某种居住概念（例如密斯·

---

① 这两者的差别就像一般逻辑有别于先验哲学（前者阐明一般而言的思考之活动和规则，后者却仅阐明纯粹思考之特殊的活动和规则），或者道德的形而上学有别于一般而言的意欲哲学或实用人类学（前者探讨一种可能的纯粹意志之理念和原则，完全依先天原则而被决定，后者则讨论一般而言的人类意欲之活动和条件）。

凡·德·罗或海德格尔的想法）以建立新的美学标准，或者是要重新建构一套评判建筑的审美标准来为密斯·凡·德·罗所受到的一些攻击求得平反。取而代之的，本文的目的在于通过重新判断过去的既有价值，有如两面神（Janus）① 一般地，借由一方面对于密斯·凡·德·罗提出反省，一方面反省那些批判密斯的论述，使得过去传统既有的成就以及未来建筑的实践之间的联结去神秘化，并让我们因此能够学习、拥有处理自身当前问题的能力。

笔者因为将居住的思考建立在针对"美学"自身不断提出重新反省的基础之上而得以寻求一个临时的平衡点，这将有助于我们面对伦理与美学在整合上的问题。伦理与美学在传统中被视为互不相关或是相互对立的两个个体，前者视伦理为独立的、无关于建筑的问题，低估了建筑表现伦理议题的能力；后者甚至将美学视为形式主义，仅着眼于妨碍性的因素与不和谐的感觉，而忽略了开发伦理观念的可能性。两者都仅是被动地面对建筑意识形态与物质形式的整体性中潜藏的矛盾、冲突、危机与可能的崩溃，并无法主动地调整自身，因此，都无法借由伦理与美学的整合来生产建筑形式。对此，我们可以引用另一种思考的方式来看待建筑意识形态与物质形式：既然世界的现象是主客体的断裂，我们必须以一种辩证的观念，将主客体，亦即建筑意识形态与物质形式视为不是给定的固定物。如此，两者将不具有何者为第一性的问题，两者的整合也并非仅是压抑其中一方。而在这样的概念之下，讨论建筑表达的是"居住"还是"无家感"，也许将不再是单纯的仅由材料的物质属性或是借由形式的抽象/具象的表征来确立，而是必须要将建筑与社会状况整体思考，考虑人造物所面临的社会限制才能得到答案。在这样的思考下，居住与建筑之间并非是简单的线性因果关系，而是呈现复杂的、永不停止的辩证过程。在辩证过程中，居住与无家感一方面是相互定义，另一方面是互为因果。同时，密

---

① Janus 为古代罗马的两面神，看管所有的入口与城门。它有两个脸使其可以同时看到建筑的室内与室外。它同样也是出发与归来的神。

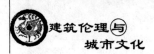

斯·凡·德·罗的建筑，亦即弗兰姆普敦所谓的"无形的工业产品与临时性结构物"，并非如诺伯舒兹所说的"只是要解脱19世纪的束缚"，也不是如卡恰里所说的"勇敢地表现居住的不在场"；相反的，它们恰当地表现了居住，但是仅止于现代性对"在场出现"进行反问的瞬间。居住因为以无家感的不安满足对于家的渴望而得以真实地存在。这样的观点也许也可以让我们再一次地回到海德格尔：借由重新检定"无"的意义，如此，"无"对我们来说将可能不再只是无尽的空虚，相反的，它表示丰腴与不可限量的未知。

后现代语境下的建筑伦理逻辑及其转向

李向锋　王译瑶①

现代主义建筑运动的初衷是改造形式至上的传统建筑，理性的辨别、选用建筑结构和建筑材料，通过大规模的建造活动解决普通民众对住宅的需求并创造新的社会秩序。在追求理想的过程中，现代主义者关注政治、关注民生，有着强烈的普世情怀。20世纪60~70年代，后现代主义建筑思潮开始承担起清算现代主义的道德任务。这种反叛，一方面为打破现代主义一元论的垄断局面奠定了基础，另一方面也为后现代主义者解释自身伦理维度的合法性设置了难题。后现代主义者必须在更广的层面寻求价值层面的指引，这种寻求的意义一直延续至今。

一、反叛：后现代主义的伦理断裂

随着现代主义国际式的出现，现代建筑逐渐被剥离了其最初的社会目标，退而成为商业环节中的重复形式。自20世纪60年代开始，简·雅各布斯（Jane Jacobs）和罗伯特·文丘里（Robert Venturi）等人发起了对现代主义的猛烈批判，在这个过程中，现代主义建筑学的道德使命遭到清算，"那些在英雄的20世纪30年代形成的通过建筑来解决社会问题的理想摇摇欲坠，建筑学领域陷入一种道德混乱的状态"②。

---

① 李向锋，东南大学建筑学院副教授，副院长；王译瑶，东南大学建筑学院硕士研究生。

② Tom Spector. *The Ethical Architect: the Dilemma of Contemporary Practice* ［M］. New York: Princeton Architectural Press, 2001: 1.

（一）理论层面的反叛

在一种失望和愤怒的氛围里，现代主义者雄心勃勃的伦理追求失去了往日的光环，对建筑学中正统道德观的排斥和反叛之声络绎不绝。美国建筑师詹姆斯·瓦恩斯（James Wines）说："可以肯定地说，现代主义的失败主要是由于它想拯救世界的幻想、夸大狂妄的野心，还有后来导致专用风格化意向的对廉价和权益渴望的可怕妥协。"① 被誉为后现代主义精神之父的菲利普·约翰逊（Philip Johnson）模仿约翰·罗斯金（John Ruskin）的《建筑的七盏明灯》，写出了《现代建筑的七根支柱》。他在本书中对现代主义的标准提出一系列质疑，并希望回归纯粹的形式创造原则。形式只关心自身的审美效果，不必注意政治与社会的文脉背景。② 建筑理论家约翰·萨卡拉（John Thackara）指出了现代主义的两大弊病：以简单中性的方式来应对复杂的设计要求；过分抬高设计人员的作用。③文丘里严厉斥责清教徒式的正统现代建筑道德语言，鼓吹建筑的复杂性与矛盾性。他避开了现代主义建筑师努力提高科学技术和人文科学之间联系的努力，而把建筑当作一种与世俗生活融为一体的形象构件或娱乐场所。他在《向拉斯维加斯学习》一书的开头写道："商业宣传、赌博趣味、竞争本能的道德性，在这里是无需讨论的。"美国建筑学家史坦利·亚伯克隆比（Stanley Abercrombie）对文丘里的观点表示了附议，认为道德问题和建筑物的品质无关，他还援引王尔德的名言"没有所谓道德不道德的书，书只是写得好或者写得差"来进行比对，其潜台词是：没有所谓道德不道德的建筑，建筑只是建造得好或者差。④ 英国建筑理论家布鲁斯·阿尔索普（Bruce Allsop）也对现代建筑运动中大量的"伦理关注"表示

---

① James Wines. *De-constructure* ［M］. New York：Rizzoli International Publication，1998：118.

② 汉诺—沃尔特·克鲁夫特. 建筑理论史——从维特鲁威到现在 ［M］. 王贵祥译. 北京：中国建筑工业出版社，2005：329.

③ 王受之. 世界现代建筑史 ［M］. 北京：中国建筑工业出版社，1999：314。

④ ［美］布史坦利·亚伯克隆比建筑的艺术观 ［M］. 吴玉成译. 天津：天津大学出版社，2001：134。

了异议。在 1977 年出版的《现代建筑学理论》一书中，他明确表示应当限制在建筑理论中使用伦理术语，"在使用'好的'和'坏的'这样的单词时，我们不是在作道德评判。如果把伦理学定义引入到美学评判中，单词'好'指的仅是质量"。①

（二）制度层面的纷争

紧跟在理论界抛弃建筑伦理呼声之后的是来自政府和法律方面的打击。在 20 世纪 60 年代，已经有建筑师开始质疑建筑师职业团体制定的条款式伦理准则的合法性。1975 年，美国建筑师阿拉伊姆·马尔迪罗西安（Araim Mardirosian）对美国建筑师学会（AIA）提起诉讼，认为 AIA 根据自身标准制定的《建筑伦理准则》对他作出的惩罚性裁决，违背了 1890 年国会制定的《谢尔曼反托拉斯法》，最终法庭判定 AIA 败诉。这是首次建筑师以个人名义向职业团体伦理准则发起挑战。1978 年，由美国建筑师协会颁布的具有近 70 年历史的伦理规范遭到美国司法部门的全面调查，并最终被认定违法。由于连续的法律干涉，AIA 强制性的《建筑伦理准则》于 1980 年被取消，取而代之的是《自愿伦理原则的声明》（Statement of Voluntary Ethical Principles）。在整个法律行动的过程中，建筑和设计职业本身的伦理核心受到了社会性的质疑和声讨。

当摆脱了伦理的束缚后，建筑被一种不可名状的主观臆想所笼罩。一时间建筑师们似乎可以用任何方式建造和评论建筑，建筑丧失了勒·柯布西耶时代作为社会变革和发展工具的角色，而日益成为一种时尚的玩物或者商业的手段。斯佩克特（Tom Spector）指出了这种现象背后建筑职业的伦理缺位："现代主义之后的建筑师们所生活和工作的氛围强调的是功能，而削弱的是建筑的职业使命，这直接导致了

---

① Bruce Allsop. *A Morden Theory of Architecture*［M］. London：Routedge & Kegan Paul Ltd，1977：10.

建筑职业缺失了主导的设计伦理。"① 这一切都表明，现代主义建筑运动所建立的建筑伦理内涵已经不能适应新的发展需要，后现代的反叛暴露了建筑学和建筑行业核心价值观跟跄蹒跚的现实。

二、矛盾："反"伦理的自我悖论

这里的问题是：我们是否仍然需要重建建筑学的伦理内核？还是在后现代主义者追求自由的表象下参与到个体的狂欢中去？在对现代主义建筑的伦理使命发起严厉的颠覆式批判之后，后现代主义如何面对自身合法性的证明？我们试图追寻这些问题，来反思后现代主义在建筑伦理追求的目标和方法上的矛盾心态。

（一）以伦理的理由反伦理

后现代主义者对现代主义所宣称的普遍性表示怀疑，在他们看来，现代未必胜过前现代。他们试图重新评估传统、个体与非理性的价值。在建筑领域，后现代意味着对笛卡尔空间体系霸权的颠覆，以及对资本运作和政治权力交叉下的功能主义的反动，代之以强调个体的心理感受；在城市管理中，后现代意味着对几何化城市布局及其机械秩序的反对，促使人们质疑中心规划，解除对专家和权威的信任；在人类学中，它鼓励保护地方性、原生态的文化，反对以救世主的善意心态去干涉甚至破坏原有的和谐。由此可见，虽然后现代本身是一个庞大的话语体系，但有一点却是共同的：它们都发端于一种颠覆性的价值批判。有趣的是，后现代主义者们惧怕重新落入道德主义的窠臼，他们极力标榜自己的"非道德"特征，却又同时避免"不道德"的形象。因为在他们看来，伦理道德往往与说教、统一，继而与集权、控制紧密联系在一起，而这些正是后现代主义者尤其是解构主义者所深

---

① Tom Spector. *The Ethical Architect：the Dilemma of Contemporary Practice* ［M］. New York：Princeton Architectural Press，2001：1.

恶痛绝的。

这样，后现代主义者在伦理上陷入了自我设定的困境之中：一方面，他们试图否定现代主义所确立的普世的道德准则而代之以自由的个体体验；另一方面，他们必须为自己的理论寻求合法性的基础，而伦理合理性是这种合法性基础中无可回避的基本维度。由此，后现代主义者所面临的难题就是：当抛弃了现代主义设立的道德理想之后，后现代主义应当确立什么样的伦理准则？即在痛快淋漓的"破"之后，何以为"立"？于是，后现代主义者就不得不在伦理层面有所表态。如后现代建筑理论中的历史主义倾向就被冠以如下理由：传统形式对于社会民主的重要性和对大众复古怀旧民意的尊重。后现代建筑的核心人物之一罗伯特·斯特恩（Robert Stern）婉转地表达了对现代主义先驱者的尊重："所谓后现代主义，只是表现现代主义的一个侧面，并非抛弃现代主义，……它为了前进而回顾既往，目的在于探求比现代主义先驱者们所倡导的更有涵盖力的途径。"① 解构主义先锋人物彼得·埃森曼（Peter Eisenman）一方面故弄玄虚地提出了建筑的"休克疗法"，以图解的方式将建筑学拉回到对自身内在形式生成的检视②，另一方面他又和美国著名历史学家及批评家安东尼·维德勒（Anthony Vidler）共同提出了"崇高的美学"（aesthetic of sublime）③，以此来论证其形式生成研究的深层价值指向和意义。

这种痛苦的"破"与"立"的纠缠关系还可以在日裔美籍建筑大师山崎实（Minoru Yamazaki）作品的命运那里看到。山崎实在设计后来被炸毁的普鲁伊特—艾戈（Pruitt-Igoe）黑人住宅区高层公寓时（图1），完全秉承了勒·柯布西耶倡导的城市生活三要素：阳光、空气和绿化。该作品不仅体现了现代主义对新生活、新精神追求的原则，还

---

① 刘先觉. 现代建筑理论 ［M］. 北京：中国建筑工业出版社，1999：222。

② ［美］彼得·埃森曼. 图解日志 ［M］. 陈欣欣，何捷译. 北京：中国建筑工业出版社，2004。

③ Kate Nasbitt. Theorizing a New Agenda For Architecture：An Anthology Of Architectural Theory 1965-1995 ［M］. New York：Princeton Architectural Press，1996：30-32.

体现了官方对黑人弱势群体的社会关照意图。17 年后，这件设计作品再次接受检验，但结论却是完全相反的：冷漠、压抑、对人性的漠视以及对城市边缘地带和弱势者的残害。值得注意的是，后现代主义者在对普鲁伊特—艾戈黑人住宅区的宣判中所运用的道德尺度，与山崎实凭此作品获得美国建筑师学会大奖时的评判尺度几乎是一致的，也即在后现代主义者看来，对现代主义发起攻击的最佳起点在于其人文层面和道德维度的失败，而非形式、材料或者风格上的失败。从这个意义上说，后现代主义之"破"与"立"，并没有脱离现代主义设定的伦理维度。山崎实的另一个代表作品纽约世贸大厦在"9·11"事件中轰然倒塌，成了恐怖主义的牺牲品（图 2）。而如果按照美国当代国际政治理论家塞缪尔·亨廷顿（Samuel P. Huntington）的理论，世贸大厦的倒塌是"文明的冲突"——基督教文明与伊斯兰教文明冲突的牺牲品。这又戏剧性地将现代主义的理想拉回到当下后现代语境下建筑与文化、政治的关联性考量之中了。

图 1　山崎实设计的被炸毁的普鲁伊特—艾戈（Pruitt-Igoe）黑人住宅区高层公寓

（来源：http://politecture.wordpress.com/2011/11/25/pruitt-igoe/）

图 2　山崎实的另一个代表作品纽约世贸大厦在"9·11"事件中轰然倒塌

（二）建筑多元论的伦理内涵

如果说后现代主义者对现代主义的清算并没有脱离伦理层面的考量的话，那么，后现代主义者在试图解释自己理论的合法性上依旧没能脱离伦理维度的自我证明。文丘里拒绝了伦理道德对于建筑的指涉之后，将商业性、享乐主义、世俗生活的种种都置于了正统的建筑价值评判席上。他以"价值的多元主义"来为此作辩护，认为建筑是复杂的和矛盾的，"复杂和矛盾的建筑对总体具有特别的责任"①。在文

---

① ［美］罗伯特·文丘里. 建筑的复杂性与矛盾性［M］. 周卜颐译. 北京：知识产权出版社，2006：16。

丘里的倡导下，后现代主义关于建筑及其职业的价值判断主要以多元化的冲突、混合为主要特征。解构主义者对此作出了进一步的发展，多元主义被赋予了反对罗格斯中心论、反抗权威的重大使命。正如查尔斯·詹克斯（Charles Jencks）所说，后现代主义关于建筑的价值标准主要是多元主义，多元主义是一种终极的民主方法。① 斯佩克特也指出，后现代主义者通过多元主义来获得伦理正义性并证明他们的成绩②。

由此可见，后现代主义者并没有从根本上回避对自身伦理合理性的证明，多元主义不仅仅是一种设计方法上的兼容并蓄，同时还承载了后现代自身的伦理诉求。亚伯克隆比虽然倡导将"道德"因素排除在建筑之外，却最终也无法将"伦理"取向排除在外，并不得不承认"虽然建筑不会教人道德或不道德，但建筑确实相当程度地传达了创作者的态度"③。

总之，多元论并没有脱离伦理层面的考量，而是从反对现代主义一元论出发的一种价值批判。事实上，后现代主义者无法脱离现代主义发展带来的建筑材料、建造技术以及工业化生产运作方式的影响，而对于"快餐文化"的倡导则使得它不得不面对后续的伦理批判。

（三）多元论能完成道德批判的使命吗？

查尔斯·詹克斯将民主的光环赋予了多元主义，其根据是后现代运动发端于政治领域追求民主的系列事件。问题在于，建筑学上的多元主义和政治上的多元主义有着很大的区别，艺术上的多元主义和伦理领域的多元价值判断也并没有直接的联系。再看文丘里，他所倚重的"不定性"（Ambiguity）的概念源自语言学家威廉·恩普森（Wil-

---

① Tom Spector. *The Ethical Architect*：*the Dilemma of Contemporary Practice* ［M］. New York：Princeton Architectural Press，2001：38.

② Tom Spector. *The Ethical Architect*：*the Dilemma of Contemporary Practice* ［M］. New York：Princeton Architectural Press，2001：44.

③ ［美］布史坦利·亚伯克隆比. 建筑的艺术观 ［M］. 吴玉成译. 天津：天津大学出版社，2001：135。

liam Empson）等人的分析文本。原文中的意思是指辨别个人抉择时模糊的意思，而不是"不定的"。文丘里在著作没有借助任何中介就将这些语言分析方法转变成构图方法。① 克里斯·亚伯（Chris Abel）对后现代主义者提出的"复杂性"作出了深刻的分析，他指出："社会复杂性的本质，使它们包含了多重的人类要素和服务于人的技术要素，任何一个设计师个人或者群体都不可能替代这种复杂的秩序。但这却似乎是许多最时髦的建筑师想要做的。"② 在亚伯看来，后现代主义者所追求的建筑的矛盾性与复杂性，只能称之为"伪复杂性"和"伪矛盾性"。亚伯还对屈米（Bernard Tschumi）、蓝天组（Coop Himmelblau）、埃森曼（Peter Eisenman）等人试图通过解构主义表达"民主"的意图进行了嘲讽："与建筑师所宣称的目的相反，拉维莱特公园清楚地证明了随意的手法不能保证复杂性和含混性……就像屈米一样，埃森曼将他的方法建立在德里达的文学理论和其他非建筑学来源的基础上。"（图3）而后现代主义者拼贴、叠加的常用手法"并不像詹克斯所宣称的那样是'一种终极的民主手法'，它丝毫没有让外界介入设计过程中建筑师自

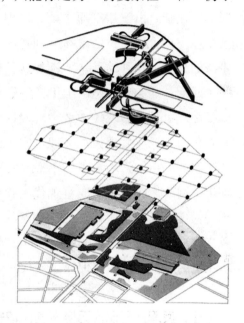

图3　屈米（Bernard Tschumi）设计的
拉维莱特公园效果图

（来源：http：//d. kinpan. com/MemberItemInfo.
aspx？MemberItemID = 1189）

---

① ［意］曼弗雷多·塔夫里. 建筑学的理论和历史［M］. 郑时龄译. 北京：中国建筑工业出版社，1991：183-184。

② ［美］克里斯·亚伯. 建筑与个性：对文化和技术变化的回应［M］. 张磊，司玲等译. 北京：中国建筑工业出版社，2003：64。

己的思路和价值观……我们看到的是愈发的故弄玄虚和自恋"①。

总之，后现代主义建筑理论因为缺乏恰当的合法性证明而陷入了新的道德危机之中，这场道德危机在其抛弃现代主义的道德理想伊始便已经开始了。"持多元主义的建筑师们很乐意于艺术和技术，但是却把道德责任推给了政治家"，然而，"如果缺少对道德的关注和诉求，即使是'建造得好'（building well）这样的概念也会失去其规范性上的意义"②。意大利建筑历史学家曼弗雷多·塔夫里（Mafredo Tafuri）则对由此而造成的后现代主义建筑师的典型状态忧心忡忡："年轻的一代新自由派建筑师并没有意识到自身的发展已经陷入随心所欲之中……意大利新自由派与菲利普·约翰逊对密斯的反叛，美国折中主义的蔓延，种种幼稚（要不然就是精明）而又虚假的复旧出现在同一个时期，这类复旧是由于年轻一代的道德空虚所造成的。"③

由此可见，后现代主义对现代性的批判和超越，在许多方面并没有真正地完成，后现代主义理论实际上只是对现代性中所失落的东西的哀怨。④ 在伦理层面上，后现代主义也并没有给出令人信服的替代理论，因此无法真正完成对现代主义的道德批判，它不得不借鉴或继承现代建筑先驱们所开拓的伦理路线图。这一方面造成了后现代主义风光之后的快速褪色，同时，由于其快餐文化对于虚无主义和道德相对主义的宣扬，也直接促成了当代对于建筑伦理问题新的研究热潮。

三、反观：后现代语境下的伦理转向

后现代是一个综合的概念，建筑学层面上的后现代主义只是诸多

---

① ［美］克里斯·亚伯. 建筑与个性：对文化和技术变化的回应 ［M］. 张磊，司玲等译. 北京：中国建筑工业出版社，2003：64-69。

② Tom Spector. *The Ethical Architect*：*the Dilemma of Contemporary Practice* ［M］. New York：Princeton Architectural Press，2001：41.

③ ［意］曼弗雷多·塔夫里. 建筑学的理论和历史 ［M］. 郑时龄译. 北京：中国建筑工业出版社，1991：46。

·④ ［美］波林·玛丽·罗斯诺. 后现代主义与社会科学 ［M］. 张国清译. 上海：上海译文出版社，1998：10。

后现代理论中的一支。如果把后现代作为一个历史阶段来看的话，我们可以发现这一时期的建筑理论大多与广义上的哲学有着千丝万缕的联系。① 如文丘里之于威廉·恩普森，詹克斯之于索绪尔（Ferdiand de Sausure），舒尔茨之于胡塞尔（E. Edmund Husserl），埃森曼之于德里达（Jacques Derrida），屈米之于法兰克福学派等。那么，后现代哲学在晚近的发展中又展现出了什么样的场景呢？如果说建筑理论对于哲学发展的借鉴往往存在时差的话，那么，对晚近哲学思想发展中伦理内涵的检索就有了某种追根溯源的意义。

（一）语言学上的伦理转向

众所周知，语言学和符号学为后现代主义建筑思想的发展提供了基本理论依据。符号的能指与所指在詹克斯那里演变成了建筑语义的多重解码。詹克斯进而将意义的多元化解读视为后现代建筑的基本特征之一。解构主义哲学代表人物德里达所提出的文本分析策略，为埃森曼等人的解构主义建筑理论提供了直接的思想源泉。拒绝形而上的价值命题，是早期哲学语言学的基本取向之一。相应的，后现代建筑理论一般也拒绝对终极价值进行追问。

20 世纪 80 年代，哲学语言学的发展出现了新的转向。一种走出形式主义、摆脱文本分析的"伦理转向"首先出现在美国的文学批评界。1987 年海德格尔的学生法里亚斯在美国出版了《海德格尔与纳粹主义》一书，以翔实的材料控告海德格尔在 1933 年依附纳粹、支持国家社会主义并参加迫害犹太人的政治活动，并分析指出海德格尔的行为根源深藏于他在《存在与时间》一书所建立的本体论哲学之中。同年，耶鲁大学教授、解构主义哲学家保罗·德·曼（Paul de Man）与纳粹合作的资料也被披露。这些事件引发了学术界激烈的争论，人们开始跳出哲学而思索哲学本身的历史功用。在这一过程中，一大批参与伦理转向的语言批评学家走向前台，跨文化批评、种族政治批评、

---

① 万书元. 当代西方建筑美学 ［M］. 南京：东南大学出版社，2001：275-296。

女权主义批评盛行一时。① 这些有明显伦理倾向的学者们从不同的角度反思了语言学与解构论的诸多潜在弊病。德里达自 20 世纪 80 年代以后，也开始关注解构与价值形而上学的关联，他说："我谈论的都是一些非常'具体'、非常'现实'的难题：生活的伦理学和政治学难题。"② 美国耶鲁大学的哲学家希利斯·米勒（J. Hillis Miller）提出了"阅读的伦理"，认为伦理要素不仅是德里达思想的总体取向，而且是解构批评的目标所在，以此回应解构等于虚无主义文本游戏的责难，将解构同伦理的终极价值追问直接联系起来。③

需要指出的是，与索绪尔等人早期的符号语言学不同，后现代意义上的语言学伦理转向并没有过多地关注符号本身的能指、所指等具体结构表征要素，而更多地体现为一种形而上学层面的价值反思和价值回归，因而较难被转化为应用的工具。这也使得艺术学、建筑学界对此尚少有直接回应。但这一转向与下述的另几种发展趋势也有着密切的联系，它们都拓展了后现代的批判态势和意义深度。

（二）对资本权力的批判

20 世纪 70 年代后期，解构主义思想与社会批判思想相结合，开端了"文化政治"的复兴。以米歇尔·福柯（Michel Foucault）为代表的历史解构主义者将研究的焦点转向了历史上的非正常人群，根据考古学和谱系学方法对社会空间权利及其结构进行研究，以一种颠覆历史的方式来控诉古典主义、现代主义一成不变的压制机制。在名为《论其他空间》的文章中，福柯对建筑乌托邦作了简短的思索，辨别出了专业术语在创建空间自治、合法化和排外话语过程中的作用。福柯在晚年尤其关注"生命的权利"，呼吁"终极价值"重返后现代社

---

① 胡继华. 现代语境中的伦理转向——论列维纳斯、德里达和南希 [M]. 北京：京华出版社，2005：95-96。

② 胡继华. 现代语境中的伦理转向——论列维纳斯、德里达和南希 [M]. 北京：京华出版社，2005：82-93。

③ 胡继华. 现代语境中的伦理转向——论列维纳斯、德里达和南希 [M]. 北京：京华出版社，2005：5。

会，从而将权利批判转化为一种生存美学。① 法国著名哲学家亨利·列菲弗尔（Henri Lefebvre）及其学生曼努埃尔·卡斯特利斯（Manuel Castells）对于空间生产的论述为建筑理论界提供了建筑学范式转换的可能性，而爱德华·苏贾（Edward W. Soje）更是在戴维·哈维（David Harvey）、伊曼纽尔·瓦勒施泰因的基础上提出了社会—空间的辩证法。② 以法兰克福学派为代表的社会批判理论家对异化的工具理性、集权主义及消费社会展开了全方位的批判，力求维护个体自由、维护生存解放的理想，把西方人文精神升华到一种伦理乌托邦的境界。在法兰克福学派的晚近发展中，出现了以尤尔根·哈贝马斯（Jürgen Habermas）为代表的从批判集权主义向建构理想的交流情境，建构社会伦理规范构想的转变，哈贝马斯关于公共空间的洞悉，也成为建筑理论借鉴和讨论的对象。③

这些思潮分别从微观和宏观的角度、从历史和社会的角度入手，开展了对权力及其异化的批判，力图重塑人类生活的伦理之维。在建筑理论领域，屈米和蓝天组借鉴福柯的理论，以解构和"纸上方案"式的幻想来表达批判的意图；扎哈·哈迪德（Zaha Hadid）则深受法兰克福学派的影响，特立独行地以她的动态设计构成探讨建筑中的"政治洞察力"④；雷姆·库哈斯（Rem Koolhaas）更是毫不掩饰对政治问题的关注，从 1970 年的《作为建筑的柏林墙》、1972 年的《放逐，或建筑的自囚》到 2002 年的《大跃进》，库哈斯始终延续着他关于意识形态批判的思考⑤。社会批判模式强调对城市社会空间的认知和分析，注重建筑学的社会改造任务，呼吁建筑师关心政治和社会，

---

① 胡继华. 现代语境中的伦理转向——论列维纳斯、德里达和南希 [M]. 北京：京华出版社，2005：6。

② ［美］爱德华·W. 苏贾. 后现代地理学 [M]. 王文斌译. 北京：商务印书馆，2004：116-141。

③ 于雷. 空间公共性研究 [M]. 南京：东南大学出版社，2005：5-7。

④ 薛恩伦. 建筑中的"政治洞察力"[M] //载薛恩伦，李道增编著. 后现代主义建筑20讲. 上海：上海社会科学院出版社，2005：259-274。

⑤ 参见 Domus（China），2006 年第 5 期"使用中——AOM/库哈斯专辑"。

并且试图通过批判刺激社会改良，努力消除社会在空间领域的不平等现象。

（三）生态伦理的觉醒

由于现代工业的超度发展，人与自然关系空前紧张起来。这一紧张关系意味着人类与自然之间的利用与被利用，改造与被改造的单向性的关系危机。显然，生态的严重破坏将要带来的绝不只是能源的枯竭、物种的残缺，以及由此产生的自然生物链的断裂，而且是人类自身生存基础的终止。它表现为整体性的人类自我中心主义受到了越来越多的质疑。当伦理将其主题定位于人类整体的价值生存关系时，它所需要考量的问题就不只是人类自身所存在的文化间、民族间和地区间的关系问题，还有人类整体生存和发展的可能性问题。在这一背景下，生态伦理逐渐成为全人类面向 21 世纪的共同课题，被广泛吸收引至各个研究领域，成为显学。

这种伦理拓展主义的发展态势在晚近体现出两个新的特点：一是环境伦理中"环境"的观念从自然环境向人工环境拓展①；另一个特点是社会生态转型，即环境伦理研究从人类中心主义与生态中心主义喋喋不休的争论中解脱出来，从理论层面向社会层面拓展，从而不仅寻求价值观念的转变，更寻求现实问题的解决②。建筑作为一种人工环境，在能耗、材料、建造工艺以及运行维护等各个方面与生态问题有着密切的关联。从根本上讲，建筑实践不可避免地要对自然进行侵入，无论人们如何努力，这种侵犯的后果也只能部分地被预知和了解。由此，在自然环境的伦理议题上，激烈的人类中心主义和生态中心主义的争论并没有吸引多少建筑师的加入。而在人工环境的伦理议题上，建筑师则责无旁贷。在建筑理论领域，生态规划理论、生态建筑理论、

---

① Warwick Fox. *Ethics and the Built Environment* ［M］. London and New York：routledge，2000：3-4.

② 李培超. 伦理拓展主义的颠覆——西方环境伦理思潮研究 ［M］. 长沙：湖南师范大学出版社，2004：2-6.

生态景观理论以及可持续发展思想的快速发展和迅速普及，体现了建筑职业生态意识的觉醒和思维范式的转换。

（四）全球伦理的探索

全球化意味着全球均质化及其反抗这两个方面的运动，前者体现为资源一体化背景下载体文化的趋同，后者体现为全球化空间意识下非同质文化的对抗。异质论者认为没有一种观点能够成为统治全球的至高无上的价值，处于经济链中弱势的文化在价值观和地位上不应该低于强势文化。数字化时代在推动全球化的进程中，更加剧了矛盾和对抗的发生。一些学者试图站在全球化的基础上反观人类共有的价值基础，找到一种普遍化的底线伦理。1993 年一批哲学家和宗教界人士在芝加哥共同发布了《走向全球伦理宣言》。宣言宣称：各种当代人类的苦难的根源在于当代人类的道德危机，"没有新的全球伦理，就没有新的全球秩序……对于一种更好的全球秩序，我们都负有某种责任"[1]。这一宣言将实现普遍伦理的可能性落脚于各种不同文明或文化间伦理资源的对话。1997 年，萨缪尔·弗雷斯恰克尔发表了《从文化多样性到普遍伦理：三种模式》一文，着力宣扬他的文化比较模式，强调文化差异性的伦理解释和伦理对话，试图以此消解文化对立并奠定普遍伦理的基础。[2] 与哈贝马斯的"交往伦理"一样，这种观点具有很强的普世乌托邦色彩。此外，当代诸多新的应用伦理学科的设立，也基本上是站在全球化的平台之上的，如生态伦理、生命伦理、政治伦理、经济伦理、网络伦理等。

在建筑领域，这种探讨体现在美国哲学家卡斯腾·哈里斯（Karsten Harries）对于"建筑伦理功能"的宣扬以及批判地域主义的实践上。事实上，这两种理论之间有着相似的理论根源和批判态度。所不同的是，哈里斯是坚定全面的否定全球化，他强调将民族特

---

① 万俊人. 寻求普世伦理 [M]. 北京：商务印书馆，2001：14。
② 薛恩伦. 建筑中的"政治洞察力"[M] //载薛恩伦，李道增编著. 后现代主义建筑20讲. 上海：上海社会科学院出版社，2005：275-277。

殊生活方式的伦理特质，作为自我认同的目标和对普遍同质的反抗工具；而批判地域主义则是"接受新的社会生活和技术成果赋予建筑的进步与发展，在此基础上强调重视地域因素的特殊性"①。前者注重反抗，而后者则有意识地探讨转型与适应。此外，也有学者开始关注全球化的建筑职业模式和全球化的建筑教育，探讨全球化背景下建筑职业和建筑教育的普遍价值策略。②

① 王育林，于文波. 从批判的地域主义到机械性地域主义：初探拉丁美洲现代建筑基本特征 [J]. 世界建筑，2006（3）：120-122。
② 盖瑞·哈克. 全球化背景下的地区主义：建筑教育中的全球化思考 [J]. 建筑学报，2004：（2）：9-11。

建筑与伦理的 16 个观点

杰弗里·高尔特·哈珀姆①

关玲永译②

一

　　与在座的大多数人相比，我与建筑师的交流不多，我对建筑这项文化性、技术性实践的认识也有限。我记得，孩童时期，我被大人领着去参观芝加哥著名的建筑物，其中就包括弗兰克·劳埃德·赖特（Frank Lloyd Wright）之家等一些建筑（图1）。让我记忆深刻的是，赖特不仅设计建筑物，他还从事家居设计，比如设计一种特殊的椅子，用于忏悔或告解时使用。我还得知，赖特会跟他的客户进行核实，以确保他们在正确使用自己设计的椅子，并且在其他的一些细节方面也按照他自己的模式叮嘱顾客。少年时，我读了赖特关于咖啡桌的一些书。他将事物概念化的能力和绘画能力之高超，让我赞叹不已。他设计的衣橱令人叹为观止，尤其是那些用来放帽子的柜子。他有一种非凡的能力，能将他的理念融入顾客的思想中，不管是男人还是女人。这种意识是他作为一名建筑师所奉行的铁律。这种意识在约翰·高尔斯华绥（John Galsworthy）的长篇小说《有产业的人》（The Man of Property）中也有体现，我大概在 21 岁时读的这本书。书中的那名建筑师用顾客支付给他的所有酬金修建了一所顾客不想要的房子，然后他勾引了这名顾客的妻子，毁了他们的生活。许多年前，我听过一次

---

　　① 杰弗里·高尔特·哈珀姆（Geoffrey Galt Harpham）是美国北卡罗来纳州中部三角科技园（Research Triangle Park）国家人文科学中心的主任兼董事。著有《伦理学的阴影：批评与公正社会》（*Shadows of Ethics*：*Criticism and the Just Society*，1999）。

　　本文选自：Graham Owen. *Architecture*，*Ethics and Gobalization*［M］. Routledge，2009：33-39.

　　② 关玲永，博士，北京建筑大学文法学院教师。

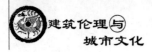

彼得·艾森曼（Peter Eisenman）的讲座。他说，他在日本的一间办公楼的职员曾在上下楼梯时扭到关节，因为那儿的楼梯带有棱角、高低不平。对此他却感到很是"欣慰"，因为"这样一来他们就不会再小瞧楼梯了"。以上这些都让人觉得，建筑师就像是巫师一样，不关心伦理，自大、强势，反社会甚至自我夸大。

图 1　赖特位于芝加哥的家与工作室（951 Chicago Avenue，Oak Park）

（来源：http://cal.flwright.org/tours/homeandstudio）

二

因此，我很高兴收到邀请，在这次会议上跟各位讨论建筑学所面临的伦理挑战——在我看来，建筑学本身在发展壮大时并没有关注过这个问题。我注意到会议将在雷姆·库哈斯（Rem Koolhaas）的评论与指导下完成，对此我很感兴趣。我从收到的手册中了解到这些评论非常成功。库哈斯假想出了一个当代情境下的"十足疯子"（perfect insanity），他提出在特定的文化中，公民的"不诚实"是对"不伪装的自由"（uncamouflaged freedom）的一种回应。这反映了能让一名建筑师欣喜若狂的自我概念（self-concept），那就是认为自己是世界上唯一正直、理智或自由的人。我认为，这种自我概念是可以被认可的，尤其在与一些更清醒、谨慎的问题的对照下，比如：我应当受谁支使？我该奉行谁的价值观和优先准则？在一个无国界的新世界里，是什么样的法律权威要求我把事业和思想寄托于其上？

三

鉴于我多年来一直在研究建筑与批判理论的关系，因此我对这一领域很熟悉。不过，我的结论可能无法让那些希望从伦理角度得到回答的人满意。因为在我看来，"伦理"不是一种行为准则或一系列原则的名称，它只是一次演讲的题目罢了。"伦理"只是一种方式，它用来提出问题，或是表述人们关心的问题。这些问题包括促成你去做一件事的动力，也包括深思熟虑所需要的空间。在这个过程中，你要考虑到一切相关因素，要注意特定背景下呈现出的细节，你的一些特殊需求的价值也要受到更高层次、更永久的价值原则的考验。

四

虽然伦理话语追求的是一种永恒的抑或是必然的东西，但它并非与历史无关。事实上，伦理话语向来是包含在特定的背景之下，难道有例外吗？因而，一次伦理对话成功与否，取决于它是否隐瞒了这个真正的包含关系，它往往会用一些超越文化的标准来做到这一点，比如上帝或是理性这样一些经过历史的大浪淘沙仍旧屹然不动的准则。稍加分析，就不难发现，在其背后有一些利益正明争暗斗，努力让自己成为新的"标准"。著名道德哲学家阿拉斯代尔·麦金太尔（Alasdair MacIntyre）大约在 10 年前写过一本书，名叫《谁之正义？何种合理性？》（Whose Justice? which Rationality?）①。书中强调，仅凭让人们思考公正和合理性是不够的，因为这些概念往往是在公共空间中被拿来讨论的。事实上，伦理就像是一场斗争，在这场斗争里，各种利益为了能成为新的准则而相互斗争。这与从平民中竞选出总统的斗争大

---

① Alasdair MacIntyre. *Whose Justice? which Rationality?* ［M］. Notre Dame, ind: University of Notre Dame Press, 1988.

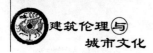
有不同。但我们不应被这样的事实吓倒，也不必费尽心思地试图抹去利益的痕迹。相反，我们应当努力让这些利益和它们所具备的势力变得清晰，并且清楚地认识这些势力在他们所奉行的原则中扮演的角色。

五

不管是从经验角度还是一般的判断出发，提出"我应当遵循谁的准则"这样的问题都是有道理的，但从更深远的角度来看，这个问题没有一个特定的、完美的答案。为了说明这一点，并说明每个人理论上应承担的义务有多广，我想请诸位跟我一起做个假设。假设有一位建筑师，他在三种不同的伦理文化背景下进行建筑活动。前提是，建筑物恰好具备引起伦理思考的某种建筑上的特征。伦理学是一种有关个人理性、选择与行动的话语。作为一种话语，它受集体思想或社会因素的影响，并且重点在判断、选择和良心起作用的时刻。建筑师作为实践者，其实并不能如此自由地进行思考，不能把自己看作是独立的代理人。因为他们受雇于其他人，他们的作品必须体现那些并非他们个人的想法，因为他们设计的作品是别人居住而不是他们自己居住。从表面上看，这似乎使建筑师无法进行伦理思考，而我认为，这恰恰唤醒了建筑师的伦理思考，并且让所有人都认识到一个事实，那就是伦理话语追求的恰是一种事实上无法实现的自主性。建筑师的良知是由多种因素决定，正如良知一般来说也是由多种因素决定一样。

六

古典时期的建筑师是怎样回答"我应该遵循谁的正义与合理性"这个问题的呢？如果这个社会遵循的是亚里士多德的原则，那么答案有可能会是：那就是城邦，或市民的公共空间便是人们反复考量的共同善（common good）。在亚里士多德眼中，伦理只是政治的一个次生领域。这个事实表明了在古典时期，那些有价值的东西被视作是一种正当的伦理沉思。在这样的社会中，任何职业都很难允许欺骗的存在，因为伦理的态度会在人际关系，尤其是朋友关系中得到检验。这样的社会总体上不能容忍或很少鼓励单个天才的存在。不顾将来的作风即便是才华所致，它也会被认为庸俗的。过多的欲望在亚里士多德看来与集体的需求格格不入。那么，像赖特和艾森曼这样的建筑师就很难在这样的社会中得到肯定了。古典时期的建筑师们就是普通的公民，穿长袍时必须露出一边的肩膀。但我想，如果一个社会高度重视被亚里士多德称作"实践智慧"（practical wisdom）的价值观，任何建筑师都会在工作时得到灵感。因为在这样的一个社会中，人们会非常重视设计师的技能。作为改造真实世界的艺术家，我认为建筑师将会在现实主义的大环境下自如发挥，而不是在古典时期那样形而上学的、理想主义的、深奥的环境下。

七

　　趁我们还没有变得像麦金太尔那样，过度怀旧，过度向往已失落的古雅典城邦的和谐之美，我们应注意到，古代雅典文明和当今文明之间的不同之处是何其之多。亚里士多德在对伦理准则的解读中，极少对当时的伦理标准提出深层次的质疑，甚至也没有太多地谈到当时极为严重的社会分化现象。当今文明和雅典文明之间的这种差异，并非是社会阶层冲突的必然结果，更有可能是因为当时社会个体的思维紊乱。今天，我们认为两性之间的分歧，以及阶级之间的分化是最基本的矛盾、不可削除的矛盾，甚至是有建设性的、美妙的矛盾。但古贤亚里士多德在其论述中，断然否认这些分歧、分化的存在，认为它们只是按照众人与生俱来的特长，对人进行的一种劳动分工。因此，在亚里士多德的思想中，一种肤浅的观点挥之不去。他总是倾向于把矛盾归结为"病症"，如"发育停滞、骨子里的邪恶，或是恶习带来的后果"，或是归结为"举止荒诞"，如"拔头发，咬指甲，吃炭笔，啃泥巴，乃至男性中的同性恋"（出自《尼各马可伦理学》第七册，

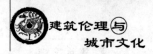

第五章）。亚里士多德对人类的痛苦和欲求的不满解读太过贫乏，这
也致使他对人类的快乐和满足的解读也一样肤浅。一个有作为的人生，
应当是与快乐和满足相随的。

八

相反的，如果一名建筑师身处康德出生的哥尼斯堡，那他将会发
现这里有着一套截然不同的道德期许。古典的传统强调实践智慧和城
邦生活的人际作用，这是城邦公民的要求和期许。而这些因素放在启
蒙时代的背景下，则会沦落成一种独立的个体在伦理观念上挣扎无果
之后转而奉行的理念，即便不是，那至少也是一种后遗症。一种抽象
的理性，则趁机而入，作为伦理反思的试金石，取代城邦的位置。如
果说，亚里士多德处理棘手问题的方法是将原因归结于个体禀赋迥异，
于社会的作用各不相同；那康德设想的则是一种同样强大的力量——
植根于人类灵魂之中的理性在起作用。也许亚里士多德不曾这样认为，
但康德认为，没有人是愚昧落后到先天性不足，无法进行理性思维。
人们有时会搞混自我内在动机的特征，有时会任凭某些理性之外的力
量左右自己，有时对自己的动机感到疑惑。即便如此，康德依然认为
人是理性的生物，而理性应当以合适的方式来管理我们的思维和行动。

九

处于这种环境之下的一名建筑师，绝对体会不到库哈斯所描述的
"完全非理性的问题"。他（亚里士多德也好，康德也好都会认为建筑
师必定是男性）也绝不会感受到文化是如何以一种"人生而不自由"
的观念来束缚我们，并将一种"体制性欺诈"强加在我们身上。康德
曾围绕"不诚实"这个主题进行过相当细致地分析，而且在分析过程
中考虑一个问题，即一个人是否在任何情况下都有撒谎的自由。最后，
他像库哈斯一样，得出了否定的结论。而且，康德对那些怀着"启

世"（apocalyptic）心态的人不屑一顾。那些人自认为自己可以献身于一种"不伪装的自由"之中。在康德看来，自由并不在于可以自由行动，更不是可以自由地思考。伦理上的自由则在于自我接受规则的束缚；所谓伦理自由就是指，在自我管理中，自由而主动地接受理性意志的统治，自由地尊崇理性法则。

十

因此，康德的哲学理念，总是既高傲而又有原则地漠视世俗权威或是当时的社会习俗。而这些东西却是亚里士多德非常注意和敬重的。同样是意识到了社会阶层之间的极度不平衡，亚里士多德认为这是一种完全自然的现象，但康德却建立了一个共同的标准。这一共同标准，既不是源自于当地的法律，也不是源自于当地的习俗。在这一标准之下，每个人都要接受"审判"。康德自始至终一直在要求我们去审视自己更深层次的利益或是长期利益。他坚持认为，只要人们沿着所有人（不论社会地位如何）都应该要追寻的路线（即理性）走下去，那他们的利益将可以在最大程度上得到实现。虽说康德对国家的最高统治者怀着深深的，甚至是带有几分谦卑的恭敬，但他对理性的尊崇却还要高过一头，他甚至还邀请最高统治者也一同尊崇理性。的确，康德哲学方法中的"恐怖主义"（terrorism）常常成为争论的话题，而且康德的话也常常被许多革命者引用，用以说明自己的反抗事业的正义性。

所以，一名康德学派的建筑师是不会修建教堂的，但要他去仿建一座大小适中的帕提农神庙（Parthenon，图2），他倒也不会不情愿。康德的思想是要超越所有的"大"，尤其是当这种"大"接近于崇高时。我认为，一栋按照康德学派路线设计的建筑应该是雄伟壮观的、

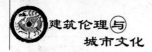
超个人主义的，让人一眼望去就会联想到一种磅礴的力量，这种力量其实就是这栋建筑的力量。有意思的是，康德哲学思维的这一方面，即奇异风格的变形，是通过阿尔贝特·施佩尔（Albert Speer）在德意志第三帝国时期的作品在建筑学上实现的。这毫无疑问，是对康德思想的"黑格尔式"（Hegelian）解读得到了证实。这种解读认为，国家是抽象的理性力量在世俗世界的化身。但阿道夫·艾希曼（Adolf Eichmann）的日记最近被公开之后，又一次证明了信奉纳粹和信奉康德两者之间并不冲突。忠于自己的"职责"（duty）这一概念，为艾希曼及其他许多人对纳粹帝国的效忠披上了合法的外衣，这名建筑师（阿尔贝特·施佩尔）自然也会受到这一概念的影响。如果当时他曾问过自己："我由谁支配？"答案可以回溯到康德那里——从根本上来说就是："没有人支配你，你由理性支配，也就是说你是你自己的支配者。"对上述这一理念的测试方法就是看在相类似的情况下，你所奉行的行动准则，能不能也同样适用于他人？（也就是说理性能否适用于所有人）。既然如此，那么一名尊崇理性法则的建筑师则有必要解释他对公共空间的特定理解。而且他的解读还必须顾全所有普遍关注的问题。真正具有康德学派的精神风貌应当是一个真正的公共空间，而不仅仅只是强势阶层或个体的集合。

图2　希腊雅典的帕提农神庙

十二

受康德学派影响的建筑，受到尊重公共空间以及公共文化概念这两个义务的制约。而且，每个身处公共空间的人都受法则的统治，独立于当地精神习俗之外，不受其影响。有了这样一个大致的理解之后，这样的公共文化也必然会反过来制约建筑师的设计风格。如果我们所假定的这名建筑师既不在雅典也不在哥尼斯堡，而是在巴伐利亚的某个山脚的村落。在那里，这名建筑师患上了一种让人以药解愁，名为费里德里希·尼采的抑郁症，此时又会如何呢？他（虽然尼采是个激进的人，但他绝不是个开明的人，因而是不会接受一名女性建筑师的）将会又一次面对截然不同的设计要求。就像他要求别人去做的一样，尼采也希望这名建筑师，去超越、去终结在他看来是古典和启蒙运动所强调的虔诚以及自我欺骗的东西。公共空间这个概念，也就是公共这个概念，在尼采的思想里一文不值。尼采把"公共"叫作"随大流"（The herd），把伦理学的真理叫作"权力"（power）。

十三

亚里士多德认为，是人类的情欲妨碍了人类进行伦理的理性思考；康德认为是人的自私；而尼采则认为是人想要逃避痛苦的意志，更确切地说是想逃避一个令人羞耻的事实，即我们在伦理问题上时常困惑不解。于是，我们发明了一种办法，用"伦理的"（ethical）原因来粉饰一些在本质上不过是客观事实而已的东西，而这就是我们的困惑的具体表现形式。如果未能履行承诺，我们会不会害怕由此带来的惩罚和折磨？是的，我们怕；但是，是我们自己给自己加上这个束缚的，我们宣称自己是高尚的人、言出必行的人，以这种方式来自我恭维自己的自制力。在更强大的力量面前，我们会不会怯懦？当然会；但是，直接这么说太伤自尊了，我选择说这股力量所代表的价值是美好的，

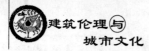

值得我们为它让路。在尼采看来，伦理学只不过是我们自己给自己编的故事，用以保全自己的形象，证明自己不是由自私的本能和逃避（痛苦）的欲望所支配的人，而是由更有价值的因素所支配的人。在当时，尼采是唯一一个直面这些残酷现实的人，他呼吁人们摆脱先验的幻觉，承认自己的动物性和物欲的本质，心平气和地接受任务，为自己找到一条既不源自于理性，也不源自于上帝或是正义的行动准则。

十四

尼采的思想所带来的影响之广，实在无法确定，但他也因此声名狼藉。一名"尼采主义"（Nietzschean）的建筑师，在受到"自我超越"这一概念的影响（也有可能是误导）之后，有可能会向阿尔贝特·施佩尔或是库哈斯式的个人主义建筑风格靠拢。但我认为，如果一名建筑师以更平和的心态去品读尼采的思想，那他将会设计出更加谦逊和平凡的建筑。将"尼采主义"应用到建筑学上时，公共空间的概念很可能会被牺牲掉，让位于私人空间，不过这种空间是人性化的——而且，甚至可以用尼采的一本书的书名来形容，"人性的，太人性的"（Human，All Too Human，1878）。

十五

在意识到伦理学是有其发展历史的这一根本事实的基础上，我开始尝试去假想如果一个建筑师身处不同的哲学体系之下，他会如何回应本文集的编辑先生所提出的问题。而我从假想中所得出的一个结论则是，从历史的角度来看问题，任何一种伦理体系都不是完全孤立的、自成体系的。上文所述的一切伦理学问题，错误也好，迷失也好，误导也好，都是我们能够发现的。但我们拥有这一认知能力的事实，竟使得我们不愿去找出解决问题的方法。伦理自信，对我们的行动来说是必要的，但这种自信需要不断地经过伦理上的自我怀疑来加以完善，才能够支撑我们的行动。这种怀疑就是，要带有一定的原则，去质疑自己是否有能力理解什么是正确，什么是价值，乃至什么是合时宜。不过，历史批判的怀疑论反映的却是一种对责任的逃避。所以在最后收尾时，我想为建筑师们提供一条建议性的伦理准则以作参考，这条准则在任何情况下都适用。这条准则来自于马丁·海德格尔（Martin Heidegger）。众所周知，海德格尔本人的道德实践错得一塌糊涂，甚至有些行为叫人鄙视。虽然如此，但是在其晚年的文集《诗歌·语言·思想》（Poetry，Language，Thought）中收集有一篇很精彩的文章《筑·居·思》（Building Dwelling Thinking）。这篇文章或许能为处于各种文化之中的建筑师们提供一点正当的指导，帮助他们找到自己能够接受的或是可以投身实践的理念。所谓建筑这项工作，我们可以称之为是最重要的人类活动，一项最基本而且不可或缺的活动。然而，这项工作既有目标也有终点，终点就是"安居"（dwelling）。当然，对这个概念的解读充满着争议。但问题重点可能在于，怎么"居"应当由居住其中的人来决定，而不是由建筑师把"赖特风格"的建筑强加给他们。一栋建筑在设计时，应该考虑到人的安居问题，设计得舒适宜居，并且要能应对现在还无法完全设想到的情况。

十六

我得承认，最终的终点是"思"（thinking）。用"思"这个字，我指的是人类的具体思考活动，而不是某种具体的思想。人生是个反思的过程，那么人所生活的空间就需要能够强化、激发、培养以及回馈这种反思。一栋建筑物对空间和材料的利用也必须能担当得起这种沉思，但却又不能过多地引起我们的注意，更不应决定我们思想的内容。更确切地说，如果建筑师通过合适的设计，能够在一般的设计项目上用建筑本身来回应其提出的问题并表现其答案，哪怕只是形式上的回应，那他就会觉得自己的设计是有价值的。在这样的背景之下，面对每个人所提出的独特问题，建筑物的形式给予的始终是一种对疑

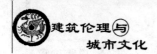
问的沉默,一种对细节的淡然。在这个与过往截然不同的世界里,一栋建筑一开始动工,其模样就已无法预测了。在这样的环境中,如果建筑师想要让自己设计的建筑成为不朽的经典,成为人们喜欢的居住之所,而不是只有自己才欣赏的东西,那么这栋建筑必须要拥有这种沉默、这种淡然。这样,建筑学才是面向未来的,或者至少是面向可预见的未来。在那样的未来里,人们可以追根究底地盘问,却不带任何特殊动机,任何异想天开的回答也都不会受到苛责。在建筑所有的其他特征中,形式(form),是建筑学也是艺术的最本质的东西,代表了一种慷慨的精神。

(秦红岭校,并配图)

设计、生态、伦理与物品的制造

威廉·麦克多诺[1]

聂平俊译[2]

下文是威廉·麦克多诺（William McDonough）在纪念圣约翰大教堂100周年仪式上所作的"布道"。事后由麦克多诺和他的好友、合作者保罗·霍肯（Paul Hawken）将他当时所作演讲整理成书面文稿。

多数身处大教堂的建筑师都会心怀谦卑，因为教堂本身就是人类远大抱负的辉煌呈现。西式圆花窗上的耶稣图像透露出这种呈现人类雄心壮志活动的维度，其实这也是人类的维度。大教堂既体现了我们人类的愿望，也反映了我们人类的意图。今天，在这幢非凡建筑的中殿，我想谈谈设计本身，因为它是人类意图的首要标志。我将集中讨论生态、伦理和物品的制造，同时我也想对我们的设计，我们的意图重新加以思考。

文森特·斯库里（Vincent Scully）对建筑大师路易斯·康（Louis Kahn）赞誉有加。他描述道，一日他们两人一起横穿红场（Red Square）。斯库里兴奋地对康说："圣瓦西里大教堂（St. Basil's Cathedral，图1）的这些穹顶直冲云霄，不是很壮丽吗？"康听后，若有所

———————————

① 威廉·麦克多诺（William McDonough），生态建筑师，美国弗吉尼亚州夏洛茨维尔（Carlottesville）市建筑社团设计院奠基人之一，1994~1999年，任弗吉尼亚大学建筑学院院长。1996年他因对可持续发展的贡献而获得总统奖，这是美国颁发的环境方面的最高荣誉。威廉·麦克多诺还在中国提出"可持续发展示范村"，其中位于辽宁本溪的黄柏峪村便是由他构思设计。

本文选自：Kate Nesbitt. *Theorizing a New Agenda for Architecture*：*An Anthology of Architectural Theory* 1965-1995［M］. 2nd edition. Princeton Architectural Press，1996：400-407.

② 聂平俊，北京建筑大学文法学院外语系教师。

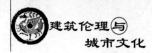

思地上下审视片刻，说："它们若植根大地不也同样壮丽吗？"

图1　坐落于莫斯科红场的圣瓦西里大教堂（St. Basil's Cathedral）

倘若我们认为设计活动会彰显人类的意图，倘若我们双手造就的东西应是神圣的，应该用来向赐予我们生命的地球表达敬意，那么我们造就的东西不仅应该源于大地，而且应该归于大地，从土壤回归土壤，从河水回归河水，所以从地球上得来的一切可以无偿予以归还，而不会损害任何生命系统。这就是生态，这就是好的设计，这正是我们现在必须要加以讨论的。

倘若我们研究建筑学来告诉人们这样的理念，倘若我们回顾历史，我们就会发现建筑师总是与两个因素打交道：块结构（mass）与膜结构（membrane）。耶利哥之墙（walls of Jericho）是块结构，而帐篷是膜结构。古代各民族运用块结构的建造技术和智慧，对太阳光线的范围和方向事前予以考虑，例如，土砖砌成的小屋。他们知晓要将白天的热量留存至寒冷的冬夜，或要在夏日里保持小屋内清凉舒适，小屋土墙需要多厚才可以。从热量存储和热滞效应的角度来看，他们对我们所说建筑物墙体的"容量"处理得游刃有余。他们利用屋顶稻草的隔热性能在冬日防止热量流失，在夏日遮蔽当空烈日，避免屋内温度持续攀升。在当地的气候条件下这些建筑是非明智的。

至于膜结构，我们仅需看看贝多因人的帐篷（Bedouin tent，图2）就会发现，这是一个同时实现五项功能的设计。沙漠地区气温常常超过120℉，没有阴凉，没有空气流动。然而，黑色的贝多因人帐篷一旦撑起就会带来诱人的阴凉，能使人的体感温度下降到95℉。这种帐篷编织得非常粗糙，但因帐篷里有无数的照明灯具，使得帐篷的室内照明美感十足。粗糙的编织、黑色的表皮使帐篷内的空气上升，进而气流可以通过帐篷顶这层"膜"。由于微风会从外面进入帐篷内，使得人们的体感温度下降到90℉以下。你或许好奇这种帐篷上斑斑小洞，一旦下雨怎么办。遇到雨水，帐篷的纤维会膨胀，这时整个帐篷就会像一面鼓一样绷得紧紧的。当然，你也可以收起帐篷，将它带走。与贝多因人这种令人惊讶的简洁建造物相比，现代社会的各种帐篷相形见绌，逊色许多。

图2　贝多因人的帐篷（Bedouin tent）

（来源：http://74fdc.wordpress.com/2012/03/30/）

纵观历史，你会发现人类在膜结构与块结构之间不断尝试着各种实验。我们身处的这栋大教堂就是一次哥特式实验，它将充足的光线融入巨大的膜结构当中。某种程度上，实验所面临的挑战始终是如何

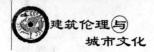

将光线与体块和空气巧妙组合起来。随着廉价玻璃时代的到来，这种实验在现代建筑学上有力地表现出来。不幸的是，在大片玻璃出现的同时，廉价能源时代也随之开启。正因为如此，建筑师们不再依赖太阳光来取暖或照明。我曾与成千上万的建筑师交流，当我问及"你们中多少人知道如何寻找正南方向？"我很少看到有人举手回答。

我们的文化采纳了这样的设计策略，其核心思想是，如果强力或巨量的能源无法发挥作用，那说明你运用得还不够多。我们建造玻璃建筑，他们与其说为人们不如说是为建筑物本身。我们对玻璃的运用极具讽刺意味。我们希望玻璃可以将我们与户外联系起来，然而把建筑物密封起来的做法使得这种希望落空了。我们给人们造就了更多的压力，因为我们旨在与户外相接，结果却将自己牢牢困于室内。室内空气质量问题现在也变得非常严重。人们也正在意识到，被牢牢困在室内是多么恐怖，在成千上万的化学制品被源源不断地用来制造物品的今天，这种情况尤其严峻。

勒·柯布西耶（Le Corbusier）在20世纪初曾说过，房屋是居住的机器。他对蒸汽机、飞机、谷物升降机赞誉有加。想想看：一栋房屋就是用来居住的机器；一间办公室就是用来工作的机器；一栋教堂就是用来祈祷的机器。设计者们服务的对象是机器而非人类，这将是多么令人恐怖的前景。人们谈论建筑物要实行太阳能采暖，甚至教堂也要采用太阳能取暖。但是要求采暖的并不是教堂本身，而是人们自己。教堂要采用太阳能取暖，人们要取暖的是双脚，而不是距离地面120英尺以上的空气。我们需要听听生物学家约翰·托德（John Todd）的意见，即与我们合作的是活的机器（living machines）而不是用于生活的机器。关注点应该集中在人们的需求之上，我们需要的是纯净水源、安全材料和经久耐用。我们也需要来自太阳的能量。

我们可以将自然界的一些内在基本法则视作是人类设计的典范和顾问。生态一词来自希腊语词根 Oikos 和 Logos，分别是"家庭"和"逻辑"的意思。因此，这就算不必要，建筑师讨论我们地球家园的运行逻辑也是非常合适的。要做到这一点，我们必须审视地球本身和地球所呈现的生命过程，因为在这里有我们必须遵循的逻辑原则。我们也有必要从字义上考虑经济二字的真正含义。当我们使用希腊词 Oikos 和 Nomos 时，通过遵循我们的语言向我们启示的法则，我们指的是自然法则，是我们应该如何衡量和管理与家园的关系。

根据这些法则，我们应该如何衡量我们的工作呢？以你钱包里的纸币来衡量行得通吗？以称之为国民生产总值（GNP）的巨大总数来衡量，可行吗？如果我们以这些标准来衡量，我们会发现"埃克森·瓦尔迪兹克"号（Exxon Valdez）油轮的触礁与泄露并不是什么坏事，因为威廉王子湾的油污清理花费了如此多的金钱。还有，我们正在衡量的到底是什么？如果我们不把自然资源放在分类账户的资产栏，那又该将其放在何处呢？森林只有在被砍伐之时，它才更加珍贵吗？野生鲑鱼从河流中完全绝迹之时我们才实现了真正的繁荣？

我们可以从大自然的设计中学习 3 个重要的特征。

第一个特征，我们需与之打交道的每件东西早已存在——石头、黏土、木材、水和空气。大自然赐予我们的这些材料又不断地回归地球，而不会涉及我们所理解的浪费的概念。这些所有的材料都源源不断地循环，产生的所有废物都可作为其他生命系统的食物。

第二个特征，是指成就自然以生命的形式不断循环的是能量，这种能量是以永恒的太阳能形式输入的。大自然仅仅依赖"流动的太阳能输入"运行，它不用提取或采掘以前时代所留下的能量，它既不会动用资本准备金也不会向未来借债度日。它是一个创造营养物质并加以循环的系统；这个系统极其复杂而又十分有效，非常经济。与精确简洁的自然生产系统相比，现代社会的各种生产方法将黯然失色。

第三个特征，是指生物多样性支撑着这个复杂而有效的创造和代谢系统。抑制各种生命系统从衰败转向混乱的，是数以百万计的生物体之间的共生关系，他们呈现出奇迹般的错综复杂的关系，他们之中任何两种生物都是相互差异、彼此不同的。

作为建筑、物品和系统的设计者，我不断追问自己，如何才能将生命系统的这些特征应用到我的工作中去？如何才能在设计中体现废

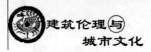

弃物循环使用、流动的太阳能输入、保护生物多样性等概念？尽管如此，在我应用这些原则之前，我们必须理解设计师在人类事务中所扮演的角色。

在思考这个问题时，我想起了爱默生曾经所作的评论。19世纪30年代，当爱默生的妻子离世后，他去了一趟欧洲，去的时候乘坐的是帆船，回美国时坐的是汽船。他在归途中评论道，他想念自己"与风神的关系"（Aeolian connection）。如果我们对爱默生的经历加以总结，他去的时候乘坐的是以太阳能为动力、可循环利用的运输工具，由工匠们操控，他们借助古老的技艺，在露天工作。返程时，他乘坐的则是锈迹斑斑的铁船。这艘钢铁轮船向空中喷烟吐雾，向水中泄漏油污。驾驶该轮船的是向锅炉铲煤送碳、身处黑色暗室的工人。这两艘船都是我们人类设计的结果，都体现了我们人类的意图。

彼得·森奇（Peter Senge）是麻省理工学院斯隆管理学院的教授。他从事着一个被称之为学习实验室（Learning Laboratory）的项目研究，主要研究与探讨组织是如何学习的。在其中的领导力实验室（Leadership Laboratory）中，他向参与项目学习的公司总裁们提出的一个问题就是，"谁是远洋轮船的领导者？"通常他会得到诸如船长、导航员或舵手之类的答案。但是这些都不是正确答案。轮船的领导者其实是这艘轮船的设计者，因为如何操控一艘轮船是设计的结果，反映了人类的意图。今天我们仍旧在设计汽船，这种运输工具以石化燃料为动力，会给环境带来害处。的确，我们需要一种新的设计。

我在东亚长大，刚来美国时，当我意识到在这个国度，我们不是有不同生活的人而是有不同生活方式的消费者的时候，我着实大吃一惊。我想问的是：从什么时候起美国不再把我们视为有不同生活的人了？电视上，我们被称为消费者，而非人们。但是，我们是活生生的人，有着各种各样的生活，我们必须为活生生的人设计与制造物品。如果我是消费者，我能消费什么？鞋油、食品、果汁和一些牙膏。其实，出售给我的产品中确确实实能被消费的很少。迟早，这些产品都要被扔掉。因为我无法消费掉电视机、录像机或小轿车。如果把一台电视机盖上，放在你面前，我说："我有一件令人惊奇的商品，它提供的服务会令你惊叹不已。但是，在告诉你具体的功能之前，我想先告诉你它是用什么做的，你再决定是否会把它搬回家。这件商品中包含 4060 个化学组件，其中许多是有毒的；一旦打开播放，有 200 个部件会排放废气。另外，它不仅含有 18g 毒性甚重的甲基汞，而且还有一个可能爆炸的玻璃管。我敦促你把它放在与你的孩子眼睛齐平的位置并鼓励他们好好玩儿。"如果是这样，你还会把这件商品搬回家吗？

德国汉堡的生物化学家米夏埃尔·布劳恩加特（Michael Braungart）曾指出，我们应该把"废物"（waste）从我们的词汇中剔除，开始采用"产品"（product）来表达相应的意思，因为如果废物将等同于食物，那它本身必须也是产品。布劳恩加特建议，我们应思考三类不同种类的产品：

首先是可以消费的产品，其实我们应该多多生产此类产品。这些产品，一旦吃了、用了或扔了，会完全转化为尘土，因而成为其他生物体的食物。这些可消费产品不应作为垃圾被填埋，而是应该放置在土地上，因为它们可使土壤恢复生机、健康和肥沃。这意味着洗发液应该装在甜菜根做成的瓶子里，这样的瓶子可以在肥堆里被生物降解。这意味着地毯可以降解为二氧化碳和水。这也意味着用木质素、土豆皮和生化酶做成的家具与今天制造的家具看上去完全一样，只是前者可以安全地还原到地球中去。也就是说，所有"可以消费"的物质都应能够回归到它们的产出地。

第二类产品是服务产品，也称之为耐用品，如汽车和电视机。它们之所以被称为服务产品，是因为我们作为消费者想要的只是该产品所提供的服务——食品、娱乐或交通。为了消除废物的概念，服务产品不应该被出售，而是应该以特许权形式供终端客户使用。消费者可以任意无限期使用这些产品，甚至可以将许可证出售给他人，但是一旦终端客户用完，如电视，它就应回归索尼、真力时（Zenith）或飞利浦公司。它是他们系统的"食品"，只是不能供给自然系统而已。而现在你可以沿着街道，把电视机扔进垃圾桶而转身离去。在此过程

77

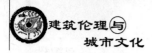

中，整个地球到处都是我们放置的、难以降解的毒素。为什么我们要给人们这种责任和压力呢？服务产品必须超越它们起初的产品寿命，为它们的生产者所有，用来拆解、再生产和继续使用。

第三类产品被称之为"不能上市出售的产品"。问题是，为什么会有人生产没人购买的产品呢？欢迎来到这个拥有核废料、二恶英、铬皮革的世界。实际上，我们正在制造一些产品或产品组件，这些产品或组件无人愿意购买，或多数情况下人们没有意识到自己购买了它们。不仅这些产品必须停止出售，而且已经出售的产品一旦用完就应该储存起来，直到我们找到安全和无害的处理方法。

我会提及一些工程项目，讲述这些工程项目在设计方面是如何隐含上述问题的。我记得有人聘请我们为一家环保团体设计办公楼。在合同谈判结束时，这家环保团体的主任说："顺便说一下，如果我们办公室有人因室内空气质量不佳而生病，我们会起诉你们的。"在慎重思考后，我们决定承担这项工作，我们也决定，由我们去寻找不会使人致病的建筑材料。我们却发现这样的建筑材料并不是现成就有的。我们不得不与制造商合作弄清楚他们产品所包含的具体成分。我们发现房屋建造的整个系统基本上都是有毒的。因此，我们仍要在材料方面继续努力。

在纽约，我们建造一家男性服装店使用了两棵英国橡树木料，我们就种植 1000 棵橡树来补偿。我们之所以这样做是受到了一则故事的启发。这则故事非常有名，是英国牛津大学新学院（New College）的格雷戈里·贝特森（Gregory Bateson）讲述的。故事大概是这样的：他们学院有一个建造于 17 世纪早期的大礼堂。礼堂的横梁长 40 英尺，厚 2 英尺。横梁因年代久远而业已干腐，他们就成立了一个委员会寻找置换横梁的木材。如果你知道以英国橡树为原材料的薄木片的价格大概是 1 平方英尺 7 美元，那么再用橡树木料替换横梁，其成本极其昂贵，令人望而却步。而且在成熟林中也没有高达 40 英尺的英国橡树可用于替换横梁。委员会中的一位年轻教师说，"为什么不问问我们学院的林务员，看看牛津大学的土地上是否有足够的树木可以利用？"

他们把林务员找来后，林务员说，"我们正想着你们何时会问这件事情。350 年前建造这栋建筑时，建筑师就指定要种植一片树林，以便日后置换房顶干腐了的横梁。"贝森特对此事的评论是："这就是经营文化的方式。"而此刻我们的问题，也是我们的希望："他们补种橡树了吗？"

在波兰华沙，我们参加了一栋高层建筑的设计竞标。在审视了我们的参赛模型后，客户认为我们胜出。我们说："我们还有别的要求，我们必须告诉你们这栋建筑的方方面面。这栋建筑的地基由混凝土做成，包括利用'二战'的碎石。它看上去像石灰岩，但是它的应用是有深刻原因的。"客户说："我理解，这是凤凰涅槃，浴火重生。"我们说，建筑外墙采用的是再生铝，他回答说："可以，没问题。"我们又说："楼层间的高度整整 13 英尺，这样这栋大楼日后一旦不再作为办公楼使用了，我们还可以将其改建为居民楼。这栋建筑有机会享有较长而经济的使用寿命。"他回答道："没问题。"我们告诉他我们会设计成可开式窗户，所有办公室人员离窗户的距离不会超过 25 英尺。他也说没问题。最后我们说："顺便说一下，贵方需种植 10 平方英里的树林来补偿建造该建筑对气候变化的影响。"我们对建设、维护和运营这栋建筑的能源成本进行了核算，得出需要种植 6400 英亩树林才能补偿这栋建筑对气候变化的影响。客户说，他再与我们联系。两天后他打来电话说，"你们仍然胜出，我核查了一下在波兰种植 10 平方英里的林木的成本，结果发现，其成本只是广告预算很小一部分。"

为某大型零售连锁运营商服务的建筑师们一年前给我们打电话说，"你们能帮我们在堪萨斯州的劳伦斯建造一家零售店吗？"我说我不知道能否与他们合作。我解释了我对不同生活方式消费者的看法，并说我们应该讨论他们连锁店对小城镇的影响。三天后对方给我们打电话说："我们公司高管有个问题，即以你的条件，拥有不同生活的人们有权利，以尽可能低的价格购买优质产品吗？你愿意对这一点进行讨论吗？"我们说："愿意。""那么我们可以讨论连锁店对小城镇的影响。"

我们与他们合作建造堪萨斯州的零售店。我们将该建筑从钢结构

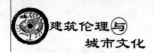

调整为木结构，前者每平方英尺消耗 300000 英制热量单位（BTU），而后者仅为 40000BTU，因此这种调整仅仅在该建筑的建造阶段就可以节省成千上万加仑石油。我们只使用来自致力于生物多样性保护林场的木材。在我们的调查中，我们发现位于弗吉尼亚的詹姆斯·麦迪逊和扎卡里·泰勒林场致力于可持续发展，我们所用木材就是来自这个以及其他以同样方式管理的林场。在该零售店的建设中，我们不使用氯氟烃（CFC）；在自然采光方面我们不仅进行了深入研究并且形成了一个新的产业。我们仍要顾及我们对更大问题的关切，如产品的配置和连锁店对小城镇的冲击等。唯一的例外是，按照我们的设计，这家零售商店不再经营时，该建筑可以改建成住宅。

在法兰克福，我们正在设计一家可由孩子们自己操控的日托中心。这家日托中心建筑的温室顶层，像贝多因人帐篷一样，有诸多功能：可以照明，可以通风，可以取暖，可以乘凉，乃至遮蔽风雨。在设计过程中我们碰到这样一个问题：工程师们想使该建筑像一部机器一样完全实现自动化。工程师们问道："如果孩子们忘记了拉窗帘，他们会觉得太热，那怎么办？"我们告诉他们孩子们会开窗户。"如果他们不开窗户，又怎么办？"工程师们追问道。我们说，那样的话孩子们可能会拉上帘子。他们还是想知道孩子们不拉帘子会怎么样。最后我们告诉他们，如果觉得热，孩子们会打开窗户和拉上帘子的，因为孩子们是活生生的人。在法兰克福老师们的帮助下，我们认识到了以下这点非常重要，即孩子们早上仰望天空，观察太阳的运动，以便与太阳实现互动。这是因为老师们告诉我们，最重要的事情就是让孩子们有事可做。现在孩子们早上到来和离开日托中心时，各有 10 分钟时间来打开和关闭该中心的整个运营系统；孩子和老师们都非常喜欢这个观点。由于安装了太阳能热水器，我们就让该建筑项目添加了一个公共洗衣房，这样家长们就可以一边等待孩子们放学，一边清洗衣物。玻璃装配业的进步，使得我们能够建设一个无需石化燃料来加热或制冷的日托中心。50 年后，届时石化燃料将会非常匮乏，而这个日托中心仍会给社区提供热水，该栋建筑也会偿还修建它时"所欠"的能源债。

不仅仅在建筑领域，在人类活动的每个领域，我们都逐渐意识到了设计的伦理含义。它们反映了人类历史观的改变，即谁拥有这样的权利，拥有什么样的权利。研究权利的历史，我们应从英国大宪章（Magna Carta）开始，它涉及的是白人、英国男性贵族的权利。随着独立宣言的发表，权利涵盖的范围扩大到所有拥有土地的白人男性。近一个世纪之后，奴隶开始得到解放。20 世纪之初，妇女开始拥有选举权，自此妇女拥有了投票的权利。伴随着 1964 年民权法案（Civil Rights Act）和 1974 年濒危物种法案（Endangered Species Act）的通过，这一进程开始加快。其他物种和生物的权利也得到了确认，这在人类历史上还属第一次。就本质而言，我们"宣布"现代人（Homo Spaniens）只是整个生命网络的一部分。因此，倘若今天托马斯·杰斐逊（Thomas Jefferson）与我们在一起，他会呼吁发表这样的独立宣言。该宣言会承认以下几点：我们追求财富、健康和幸福的权利与其他生命形式息息相关；一种物种的权利与其他物种的权利紧密相连；任何物种都不应遭受远程暴政（remote tyranny）之苦。

这样的独立宣言表明我们近乎意识到，世界是极其复杂的，无论从它的运行状况还是从我们理解和领悟这些复杂性的能力来看，都是如此。在如此复杂的世界里，以前主宰生命的种种形式基本上丧失了维持控制的能力。统治权，无论是以国王还是以民主国家的形式出现，似乎都不再起支配作用。统治阶层正逐渐丧失欺骗和操纵的能力，切尔诺贝利事件就反映了这一点。尽管当时的苏联政府告诉世人，切尔诺贝利核电站无需丝毫担忧，但是分辨率达 10m 的卫星向世界表明这座核设施非常值得担忧。我们在地球高峰会议上看到的是即便在最基本层面，主权国家已经丧失了领导能力。莫里斯·斯特朗（Maurice Strong），这位联合国环境与发展会议主席被问及有多少领导人会莅临地球高峰会议时，他回答说，有超过 100 多位国家的元首会参加。不幸的是，在地球高峰会议上我们并没有见到什么真正的领导。

爱默生在结束欧洲之旅后，给哈佛大学写了许多关于自然的文章。

81

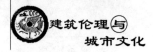

他尝试提出以下认识，倘若本身是人类制造东西，而人类又是自然的，那么制造的东西也是自然的吗？他认为自然无非就是一切永恒的东西，诸如海洋、山脉、天空等。我们现在知道这些并不是永恒的。我们表现得似乎是自然这位伟大的母亲，她永远完好如初，从来不会出现任何问题，总是为了其子女而存在，不求什么爱的回馈。当我们想到创世纪（Genesis）和主宰自然的概念时，我们意识到我们应该对管理职责（stewardship）与主宰权（dominion）进行讨论。究其根本，问题是，如果我们有对自然的主宰权，或许我们的确拥有主宰权，那么是不是也意味着我们有管理职责呢？因为对已被你杀害了的东西，你怎么行使主宰权呢？

我们必须面对这样的事实，全世界范围内我们看到的是一场战争，一场针对生命本身的战争。我们现今的设计系统创造出这样的一个世界，这个世界远远超出环境对未来生命的支撑能力。设计的工业化风格不仅没有遵循自然法则，而且只会践踏自然法则；无论起初其声称的意图是什么，结果都在生产废物与毒害。我们砍伐更多的森林、制造更多的垃圾，捕获更多的鱼类，燃烧更多的煤炭，漂白更多的纸张，污染更多的耕田，毒杀更多的昆虫，在更多栖息地上建造房屋，在更多河流上筑起大坝，排放更多毒性甚重、辐射巨大的废弃物。倘若真是如此，我们正在创造一部巨大的工业机器，不是为了人类安居而是为了安葬人类。毫无疑问，这是一场战争，一场仅有为数不多的几代人能够幸存下来的战争。

我曾在约旦为国王侯赛因工作，编制约旦峡谷总体规划。当我走过一个被坦克夷为平地的村庄时，看到了一具被压进土坯的小孩骷髅，我顿时毛骨悚然。我的阿拉伯主人扭过头对我说："你不知道战争是什么吧？"我说："我不知道。"他说："他们杀害你的孩子时就会爆发战争。"我认为我们在进行着一场战争，但是我们必须停下来。要做到这一点，我们必须停止为了杀戮而设计日常东西的做法，我们不得不停止设计种种杀戮机器。

我们必须承认：自然的每个事件和自然的呈现都是"设计"；要

遵循自然法则来生存就意味着我们人类要以非独立的物种来表达我们的意图；我们为比我们更强大的神圣力量所制约，我们对此不仅要有所认识而且要心怀感激；我们应遵循自然法则，以便向我们之间和所有物种之间的神圣性表达敬意（图3）。对我们在自然界所处的位置，我们必须平静地接受。

图3　2008年，威廉·麦克多诺及合伙人设计的这栋办公大楼，位于加利福尼亚圣布鲁诺市樱花大道901号。该建筑荣获美国绿色建筑委员会的能源与环境设计领导力白金评级

（秦红岭校，并配图）

尚俭德：中国古代建筑伦理之重要理念

秦红岭①

梁思成的扛鼎之作《中国建筑史》中谈到古代建筑活动受道德观念制约时，主要讲了下面一段话：

古代统治阶级崇尚俭德，而其建置，皆征发民役经营，故以建筑为劳民害农之事，坛社亲庙、城阙朝市，虽尊为宗法、仪礼、制度之依归，而宫馆、台榭、宅第、园林，则抑为君王骄奢、臣民僭僣之征兆。古史记载或不美其事，或不详其实，恒因其奢侈逾制始略举以警后世，示其"非礼"；其记述非为叙述建筑形状方法而作也。此种尚俭德、诎巧丽营建之风，加以阶级等第严格之规定，遂使建筑活动以节约单纯为是。崇伟新巧之作，既受限制，匠作之活跃进展，乃受若干影响。古代建筑记载之简缺亦有此特殊原因；史书各志，有舆服食货等，建筑仅附载而已。②

可见，在梁思成、林徽因看来，中国古代建筑活动受道德观念之制约，主要体现在尚俭德的观念。实际上，考察中国古代建筑思想的伦理内涵，俭德可以说既是出现最早的道德要求之一，也是得到先秦诸流派等各家所普遍认同的一个德性观念。直到今天，尤其是在资源有限、生态环境的承载能力困扰人类可持续发展的背景下，节俭作为一种优良传统美德，更具不可低估的时代价值。

---

① 秦红岭，北京建筑大学文法学院教授，北京市级建筑伦理学学术创新团队带头人。
② 梁思成. 中国建筑史 [M]. 天津：百花文艺出版社，2005：13。此节"中国建筑之特征"为林徽因执笔。

一、传统建筑俭德的基本内涵

《史记·高祖本纪》中有一段著名对话，经常被引用来说明统治者不惜人力和财力大修宫殿，以充分彰显君主威严。这段话是这样说的："萧丞相营作未央宫，立东阙、北阙、前殿、武库、太仓。高祖还，见宫阙壮甚，怒，谓萧何曰：'天下匈匈苦战数岁，成败未可知，是何治宫室过度也？'萧何曰：'天下方未定，故可因遂就宫室。且夫天子四海为家，非壮丽无以重威，且无令后世有以加也。'"①（图1）其实从这段话中，我们似乎也看出了汉高祖对宫室豪华过度的某种惶恐。正如中国建筑史学者王贵祥所说："中国历史上的帝王，鲜有以自己建筑之宏大与富丽堂皇而自我夸耀的，恰恰相反，帝王却常常自诩自己是如何'卑小宫室'的，是如何模仿或者超越尧之宫室的节俭，而成为当世圣君的。"② 考察中国古代典籍，有关建筑节俭方面的言论俯拾皆是，占据主流地位，并成为仁政的重要组成部分。

图1 根据建筑史学家杨鸿勋先生的《陕西西安汉长安城未央宫遗址前殿复原设想鸟瞰图》制作的汉未央宫模拟图

（来源：http：//www. rjzg. net/showarticle. php？id＝3008）

---

① 许嘉璐,安平秋. 二十四史全译(01 史记)[M]. 北京:汉语大词典出版社,2004:138。

② 王贵祥.卑宫室、人伦至善与建筑的形而上 [M] //载《中国建筑史论汇刊（第1辑）》. 北京:清华大学出版社,2009：516。

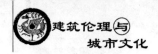

中国古代典籍涉及建筑俭德时，常常用"卑宫室"来表述，有时也用"俭宫室"、"节宫室"及"宫室有度"来表述，意思大体一致。"卑宫室"最早出自《论语·泰伯》："子曰：禹，吾无间然矣。菲饮食，而致孝乎鬼神；恶衣服，而致美乎黻冕；卑宫室，而尽力乎沟洫。禹，吾无间然矣。"这段话中，孔子认为禹的德性实在无可挑剔，自己的宫殿简陋低矮，却尽力兴修水利，以造福于民。

作为一种建筑节俭观的"卑宫室"，其含义除了指宫室在体量上的低矮卑小之外，还指装饰上的质朴简陋。古代典籍中经常用"茅茨不翦"来说明另外一位先帝尧崇尚俭朴的美德，便是如此。《韩非子·五蠹》中说："尧之王天下也，茅茨不翦，采椽不斫。"这段话是说王天下的尧帝住的宫室简陋到只用茅草覆盖屋顶，而且还没有修剪整齐（图2）。此后，历代良臣志士在君主大兴宫殿而可能致劳民伤财之时，经常以先帝践行俭德的范例相劝谏。例如，三国时期曹魏名臣杨阜在魏明帝营建洛阳宫殿观阁而大兴土木之时，便上疏曰："尧尚茅茨而万国安其居，禹卑宫室而天下乐其业；及至殷、周，或堂崇三尺，度以九筵耳。古之圣帝明王，未有极宫室之高丽以凋敝百姓之财力者也。桀作琁室、象廊，纣为倾宫、鹿台，以丧其社稷，楚灵以筑章华而身受其祸；秦始皇作阿房而殃及其子，天下叛之，二世而灭。夫不度万民之力，以从耳目之欲，未有不亡者也。陛下当以尧、舜、禹、汤、文、武为法则，夏桀、殷纣、楚灵、秦皇为深诫。"[1]

正如杨阜所言，建筑上尚俭德对于治国安邦有着重要的价值，对于国家兴旺和百姓安居都是须臾不可缺少的。对此，《管子·禁藏》中说："故圣人之制事也，能节宫室，适车舆以实藏，则国必富，位必尊矣。"春秋时吴王阖闾为了完成政治改革，采取了种种节用恤民的廉政措施，据《左传》记载："昔阖庐食不二味，居不重席，室不崇坛，器不彤镂，宫室不观，舟车不饰；衣服财用，则不取费"[2]，其

---

① ［晋］陈寿．［宋］裴松之注．三国志［M］．北京：中华书局，1999：527。
② 杨伯峻．春秋左传注（修订本）［M］．北京：中华书局，1990：1608。

中"室不崇坛"即平地作室，不起坛；"宫室不观"即宫室不修筑楼台亭阁，都是指建筑方面的尚俭之德。西汉陆贾在《新语》中指出："高台百仞，金城文画，所以疲百姓之力者也。故圣人卑宫室而高道德，恶衣服而勤仁义，不损其行，以好其容，不亏其德，以饰其身，国不兴不事之功，家不藏不用之器，所以稀力役而省贡献也。"① 在陆贾看来，修筑百仞高台，雕饰彩绘城墙，是劳民伤财之事，应向往圣人"卑宫室而高道德"的境界，这一境界本质上就是通过节制物质欲望而激发一种高尚的精神追求。

图 2　古人崇尚的茅茨不翦的宫室建筑

（来源：王贵祥. 卑宫室、人伦至善与建筑的形而上［M］//中国建筑
史论汇刊（第 1 辑）. 北京：清华大学出版社，2009：504）

汉孝文帝可以说比较好地践履了建筑俭德。据记载："孝文皇帝从代来，即位二十三年，宫室苑囿狗马服御无所增益，有不便，辄弛以利民。尝欲作露台，召匠计之，直百金。上曰：'百金，中民十家之产，吾奉先帝宫室，常恐羞之，何以台为？'"② 唐太宗在一种程度上也达到了"卑宫室而高道德"的境界，他将奢侈纵欲视为王朝败亡的重要原因，在宫室营造方面厉行俭约，不务奢华。早在贞观元年，

---

① ［唐］魏徵等. 群书治要译注（第九册）［M］. 北京：中国书店，2012：4586。
② ［宋］李昉. 太平御览（第一卷）［M］. 石家庄：河北教育出版社，1994：766。

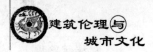

唐太宗就对其侍臣说："自古帝王凡有兴造，必须贵顺物情……秦始皇营建宫室，而人多谤议者，为徇其私欲，不与众共故也。朕今欲造一殿，材木已具，远想秦皇之事，遂不复作也。"① 唐太宗认为，自古帝王凡是有大兴土木的大事，必须以物资人力来衡量利弊。秦始皇大兴宫室，是为了满足私欲，遭致百姓怨怒。他自己考虑到这一点，便放弃了建造宫殿的念头。金朝第五位皇帝金世宗也提倡节俭，不主张大力兴修宫室。他曾对秘书监移剌子敬等说："昔唐、虞之时，未有华饰，汉惟孝文务为纯俭。朕于宫室惟恐过度，其或兴修，即损宫人岁费以充之，今亦不复营建矣。"② 明太祖同样尚节俭。明初吴元年（1367 年）营建皇宫时，当时有人向明太祖进言说"瑞州文石可甃地"，太祖说："敦崇俭朴，犹恐习于奢华，尔乃导予奢丽乎"③，使进言人惭愧而告退。

如果说尧舜禹等先帝们的"卑宫室"，受当时生产力水平低下和物质技术条件所限，反映的主要是中国古代宫室建筑"茅茨土阶"的简陋原始阶段，那么，随着宫室营造与规划技术的发展，所谓"茅茨不翦，采椽不斫"的宫室形象逐渐成了一种具有"纪念碑性"象征意义的建筑符号，其意义是警示后世君主不可奢以忘俭，否则淫佚则亡。例如，在《后魏书》中记载："任城王澄从高祖于观德殿，高祖曰：'躬以观德。'次之凝闲堂，高祖曰：'名要有义，此堂天子闲居之义。不可纵奢以忘俭，自安以忘危，故此堂后作茅茨堂'"④。这段记载北魏孝文帝为洛阳宫苑命名的文字中，"茅茨堂"的命名至少从表面上表达了孝文帝旨在借先圣的俭德突显崇俭抑奢的治国之道。

夏商之后，宫室营建的节俭观主要体现于"宫室有度"的要求。如《荀子·王道》中说："衣服有制，宫室有度，人徒有数，丧祭械

---

① ［唐］吴兢，叶光大等译注．贞观政要全译 ［M］．贵阳：贵州人民出版社，1991：337。

② ［元］脱脱等．金史（第一册）［M］．北京：中华书局，1975：141。

③ 许嘉璐，安平秋．二十四史全译 ［M］．（明史）北京：汉语大词典出版社，2004：1296。

④ ［宋］李昉．太平御览（第二卷）［M］．石家庄：河北教育出版社，1994：671。

用皆有等宜。"《管子·立政》中讲："度爵而制服，量禄而用财，饮食有量，衣服有制，宫室有度，六畜人徒有数，舟车陈器有禁，修生则有轩冕服位谷禄田宅之分，死则有棺椁绞衾圹垄之度。""宫室有度"提出了一种基于生存需要和礼制要求的建筑标准，既体现了一种俭而有度的中道原则，更是传统礼制的物化表现。中国传统的俭德本身就是一种处于奢侈和吝啬之间的一种中道美德。《论语·八佾》中记载鲁国人林放询问孔子礼的本质是什么时，孔子回答："大哉问！礼，与其奢也，宁俭；丧，与其易也，宁戚。"可见，孔子认为礼的要求，与其过分地讲究礼的仪式而奢华铺张，宁可朴素俭约。

实际上，中国古代建筑深受"礼"之制约与影响，建筑往往成了传统礼制和宗法等级制度的一种象征与载体，其具体表现除了在建筑类型上形成了中国独特的礼制建筑系列，在建筑的群体组合形制和空间序列上形成了中轴对称、主从分明的秩序性空间结构之外，更重要的是，早在周代便形成了严格的建筑等级制度。所谓建筑等级制度是指历代统治者按照人们在政治上、社会地位上的等级差别，制定出一套典章制度或礼制规矩，来确定合适于自己身份的建筑形式、建筑体量、屋顶式样、色彩装饰、建筑用材等，让建筑成为传统礼制和伦理纲常的一种物化象征。"宫室有度"本质上就是要求人们符合这种建筑等级制度。同时，它还有其独特的功能，是从源头上避免奢侈浪费的一种方式。孔子曾说："中人之情，有余则侈，不足则俭，无禁则淫，无度则失，纵欲则败。饮食有量，衣服有节，宫室有度，畜聚有数，车器有限，以防乱之源也。故夫度量不可不明也，善言不可不听也。"① 这段话中，孔子认为，如果没有礼制法度来限制普通人的物质生活，人们就会放纵欲望，奢侈浪费。因此应根据礼法对饮食、衣服、宫室、车辆器物等定下一个具体而明确的标准，这是节制消费、避免奢侈浪费的好办法。

---

① ［汉］刘向，王锳、王天海译注. 说苑全译［M］. 贵阳：贵州人民出版社，1992：743。

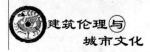

俭德作为中国古人所推崇的基本美德之一，"卑宫室"与"宫室有度"不仅是这一美德在建筑活动中的具体体现，同时它还成为中国传统建筑审美风尚的重要特征，甚至可说是传统建筑艺术伦理的核心特质。在西方建筑思想史上，古罗马时期维特鲁威提出好建筑三原则，即"所有建筑都应根据坚固（soundness）、实用（utility）和美观（attractiveness）的原则来建造"①，对后世影响极为深远。可见，自古罗马开始，美观的要求在西方建筑艺术中便具有十分重要的意义。与西方的情况有所不同，在中国传统审美文化中，建筑似乎从来没有像西方那样明确被视为一种重要的审美对象，对建筑的功能与价值的认识也鲜有审美方面的思考，尤其是中国传统建筑并不像西方建筑那样强调审美的独立性。例如，《老子河上公章句》中阐释老子的"安其居"为"安其茅茨，不好文饰之屋"②，意思是安适的居所应质朴而不需要过多修饰。《管子·法法》中说："明君制宗庙，足以设宾祀，不求其美。为宫室台榭，足以避燥湿寒暑，不求其大。为雕文刻镂，足以辨贵贱，不求其观；故农夫不失其时，百工不失其功，商无废利，民无游日，财无砥壏，故曰：'俭其道乎！'"这段话中，管子明确提出英明的君主建造宗庙、修筑宫室台榭并不求其美观和高大，而主要是用于祭祀和防避燥湿寒暑的实用功能，只有这样才能体现节俭的治国之道。《墨子·辞过》中有一段话讲："为宫室之法，曰室高足以辟润湿，边足以圉风寒，上足以待雪霜雨露，宫墙之高，足以别男女之礼，谨此则止。凡费财劳力，不加利者，不为也。"可见，墨子认为宫室具备基本的实用功能与礼仪功能就够了，应除去无用的费用，这也是他所主张的节用的基本要求。墨子还极为崇尚夏禹、盘庚两代君王"卑小宫室、茅茨不翦"的俭德表率，并以商纣"宫墙文画、雕琢刻镂、锦绣披堂"的奢靡之风而致国破身亡的反例，说明了俭德的重要意义，并由此而断定："诚然，则恶在事夫奢也。长无用，好末淫，

---

① ［古罗马］维特鲁威. 建筑十书［M］. 陈平译. 北京：北京大学出版社，2012：68。
② 王卡点校. 老子道德经河上公章句［M］. 北京：中华书局，1993：304。

非圣人之所急也。故食必常饱，然后求美；衣必常暖，然后求丽；居必常安，然后求乐。为可长，行可久，先质而后文，此圣人之务。"①"居必常安，然后求乐"，可见坚固、适用是对建筑最基本的功能要求，也是本质的要求，是建筑的其他价值包括审美价值、伦理价值赖以存在的基础。与此相伴，在中国古代，对于"匠人"（建筑师）的期望和营造活动应遵循的准则，也很少提出美观方面的要求，而明确提出了"务以节俭"的要求。例如，《周礼·考工记》中提到匠人的职责时主要表现在建国（测量建城）、营国（营建城邑）、为沟洫（修筑水道）等实用技术方面。②宋代李诫在《进新修＜营造法式＞序》中说营造活动要"丹楹刻桷，淫巧既除，菲食卑宫，淳风斯服"③，其意义便是除淫巧之俗，倡节制之风。

二、传统建筑俭德的时代价值

学者吕耀怀指出："节俭作为一种传统德性，尽管其产生的基础是生产很不发达、物质财富极为匮乏的社会，但在生产有了高度发展、物质财富空前膨胀的现代社会中，其意义不是衰减了，而是不可阻挡地增强了。"④表现在建筑活动领域中的传统俭德亦是如此。

中国古代社会倡导俭德，主要是从修身、持家、治国三个方面来认识其重要意义。具体到建筑俭德方面，除了如前所述强调其治国安邦和礼制秩序方面的作用外，更是适应国家财力人力、社会经济状况和生产力发展水平的现实要求。正因为如此，新中国百废待兴的背景下，针对20世纪50年代初期国家建设中违背经济原则和基本建设工程中的铺张浪费现象，1955年2月，在建筑工程部召开的设计及施工工作会议上，明确提出了"适用、经济，在可能条件下注意美观"的

① ［汉］刘向．王锳，王天海译注．说苑全译［M］．贵阳：贵州人民出版社，1992：878。
② 张道一．考工记注释［M］．西安：陕西人民美术出版社，2004：120-138。
③ ［宋］李诫．营造法式（一）［M］．上海：商务印书馆，1954：16。
④ 吕耀怀．"俭"的道德价值——中国传统德性分析之二［J］．孔子研究，2003（3）：115。

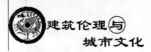
建筑方针。关于这一建筑方针的具体解释，时任国务院副总理的李富春在 1955 年 6 月 13 日中央各机关党派、团体高级干部会议上，作题为《厉行节约为完成社会主义建设而奋斗》的报告时指出："在第一个五年计划开始的第一年，中共中央还提出了'适用、经济，在可能条件下注意美观'的基本方针，所谓'适用'就是要合乎现在我们的生活水平、合乎我们的生活习惯并便于利用，所谓'经济'就是要节约，要在保证建筑质量的基础上，力求降低工程造价，特别是关于非生产性的建筑要力求降低标准，在这样一个适用与经济的原则下面的'可能条件下的美观'就是整洁朴素而不是铺张浪费。"由此可见，这一"十四字建筑方针"作为指导当时中国建筑活动的基本准则，其核心的价值理念便是中国传统伦理所推崇的基本德性——节俭。

20 世纪中后叶以来，尤其是 80 年代以后，随着建筑发展、城镇化演进与有限的资源承载力、脆弱的生态环境间的矛盾越来越突出，传统建筑俭德的意义与内涵被赋予了适应时代发展的新内容，节俭成了与可持续发展原则相适应的价值观念，以节约资源为核心的建筑生态性要求也日益成为现代建筑善的一项基本要求。布正伟在反思"十四字建筑方针"的当代价值之时指出："被古代著名建筑学家维特鲁威所忽略，又一直得不到我们青睐的建筑要素——经济，如今却成了全球化背景下牵动整个东西方社会敏感神经的'要命因素'。"①

具体而言，传统建筑俭德的时代内涵主要表现在以下两个方面：

第一，当代建筑应"有度"。与中国古代"宫室有度"的内涵有所不同，当代建筑并不认同封建礼制等级意义上的"有度"，但仍要强调作为一种节制消费和适度与中道原则的"有度"，奢侈浪费、过多装饰、过多耗费自然资源与公共资源的现象，便是"无度"，是应该摈弃的建筑恶习。

改革开放以来，中国建筑业一方面出现了前所未有的建设高潮，呈现出欣欣向荣的繁荣局面，另一方面曾经一度被遵循的重视节俭的

---

① 布正伟. 建筑方针表述框架的涵义与价值 [J]. 建筑学报，2013 (1)：91。

建筑方针渐渐被遗忘，出现了不少令人忧虑的奢侈浪费问题。例如，屡屡在一些地方出现的花费惊人、贪大求洋而与当地经济社会发展状况形成鲜明对比的"形象工程"；竞相比高的摩天大楼建设热潮，这些摩天大楼几乎都是耗能大户；一些既不美观又不实用的"奇观建筑"，以牺牲功能上的实用性为代价，在我国某些城市，动辄以多花费几亿，甚至十几亿的代价变为现实；从开发商到业主，从小区设计到室内装修，住宅消费存在一定程度脱离国情、浪费严重的奢侈性、炫耀性倾向；不少城市的城市改造和基础设施翻新没有节制，常常反复拆建而劳民伤财。这些现象表现出建筑领域忽视节俭性和生态性的价值取向，更从一个侧面反映了建筑俭德的缺失。尤其是一些地方政府修建楼堂馆所方面的奢靡之风，如一些地方政府盖楼投入之巨令人咋舌，有的地方市级县级政府办公大楼比照着美国白宫修建（图3），市政广场建设规模赶超天安门广场，政府所属宾馆的内部装修极尽奢华①，这些现象，更是典型反映了行政建筑逾越相关限制和标准的"无度"之恶。这些豪华办公楼不仅仅是看上去刺眼，浪费公共财政资源，也反映出某些干部脱离群众，不接地气的工作作风。因此，面对当代中国建筑活动存在浪费资源、盲目贪大求高的不良之风时，应汲取中国古代建筑俭德思想的合理成分，促进现代建筑文化走健康发展之路。

图3 安徽省一个地级市政府办公大楼

① 豪华大政府大楼刺痛百姓[N]．人民日报，2013_5_13(18)。

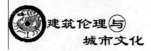
其实，不仅在中国，建筑应"有度"也是西方建筑思想提倡的重要原则。奥地利建筑师阿道夫·路斯（Adolf Loos）曾颇为激进地提出"装饰就是罪恶"这一著名口号，其积极意义便是反对建筑装饰方面的"无度"或"过度"，他强调建筑不同于一般艺术，必须首先服务于公众的需要，过多的装饰意味着对人力、资源和金钱的浪费，是不道德的。英国学者戴维·史密斯·卡彭（David Smith Capon）在回归维特鲁威传统的基础上提出的好建筑的原则，同样重视建筑的俭而有度。他明确提出原则二"功能的有效性"，对应于节制和中道美德，是对建筑的功能元素提出的基本要求，"与功能有关的道德暗示了决定性的需求和以最少浪费与最为经济的方式，对需求的满足"①。

第二，当代建筑应强调以节约资源为核心的环境美德。与作为传统美德的节俭观有所不同，现代建筑的"节俭"，主要是从节约使用资源和减少物质生活对生态环境压力的角度来界定的。古代社会建筑就地取材，建筑活动对自然环境的影响相对较小，人、建筑与自然环境是和谐的。但在现代社会，建筑活动逐渐成为人类作用于自然生态环境最重要的生产活动之一，也是消耗自然资源最大的生产活动之一，加之现代建筑运动主要遵循着功利化的技术指导模式发展，尤其是建筑技术的发展导致大量全密闭、全空调的高层建筑物盛行，使人、建筑、城市、自然之间的矛盾日益尖锐。在现代建筑对环境的影响方面，有关统计表明，建筑消耗全球50%的能源，消耗40%的原材料，消耗50%的水资源，消耗50%的破坏臭氧层的化学原料，对80%的农业用地损失负责。② 由此可见，耗费自然资源最多并对生态环境造成巨大影响的建筑业必须要走可持续发展之路。与此要求相适应的建筑俭德，要求人们从对"自然—建筑—人"这个大系统层面思考建筑与人、建筑与环境、建筑与生物共同体的关系，有效地把节能设计和对环境影

---

① ［英］戴维·史密斯·卡彭. 建筑理论（上）：维特鲁威的谬误——建筑学与哲学的范畴史［M］. 王贵祥译. 北京：中国建筑工业出版社，2007：100。

② ［英］布赖恩·爱德华兹. 持续性建筑［M］. 周玉鹏，宋晔皓译. 北京：中国建筑工业出版社，2003：导言 xv.

响最小的材料结合在一起，使建筑尽可能在设计、建造、使用到废弃的整个全寿命周期内，最大限度节约资源，减少建筑对人居环境和自然界的不良影响。实际上，现在方兴未艾的以节能系统为基础的生态建筑或绿色建筑，便是生态观念、节俭观念在建筑中的体现。

三、结语

俭德既是中国古代建筑活动的重要道德观念，也是中国传统建筑审美风尚的重要特征，对于廉政治国、富国裕民有重要作用。古代典籍中宫室营建方面的建筑俭德，主要体现在两个方面，即"卑宫室"与"宫室有度"。"卑宫室"本意虽指宫室在体量上的卑小与装饰上的质朴，但实际上在后来逐渐演变成为一种象征建筑节俭价值的物质符号，警示统治者应效仿先帝"卑小宫室、茅茨不翦"的俭德表率，不可奢以忘俭，应达到"卑宫室而高道德"的精神境界。"宫室有度"则提出了一种基于生存需要和礼制要求的建筑标准，既体现了一种俭而有度的中道美德，更是传统礼制的物化表现，其积极意义是以礼节制消费，用之有度。当代社会，传统建筑俭德焕发出新的价值意义，它已上升为不仅关乎建筑与人，建筑与社会，还关乎建筑与生态环境关系的人类整体意义上的环境美德，资源与环境承载能力的有限性，使节俭成为与可持续发展原则相适应的价值观念，并与现代环境伦理存在诸多契合之处，凸显其前所未有的重要性。

试论藏族代表性建筑布达拉宫的伦理意蕴

胡　琦　熊坤新①

　　一位外国学者不无感慨地写道："无论我们承认与否，建筑的确是每个人一生中不可缺少的一部分，我们在建筑中降生，爱和被爱直至终此一生；我们在建筑中工作、娱乐、学习、教育、做礼拜、思考问题或制作物品；在建筑中我们进行商业活动、组织活动，处理国家事务，审判罪犯，进行发明创造等等。"② 建筑是人们为了更好地生存与生活而与自然界不断接触与对话的结果。西藏的代表性建筑布达拉宫也是广大藏族人民在长期的生产生活中，不断与西藏独特的气候环境、地理条件、人文特点和现实环境等进行接触和"对话"的结果，其中的文化艺术与伦理意蕴凝聚着藏民族的聪明才智与审美感受。

一、彰显藏族崇尚自然与人文伦理的和谐统一

　　秦红岭指出："建筑所具有的文化性、伦理性和艺术性，使建筑在某种程度上具有教化（其中很重要的是道德教化）这一精神功能，虽然这种功能有时是抽象而隐性的，但它对人的品德形成的影响是不可低估和忽视的。"③ 毫无疑问，布达拉宫的建筑伦理意蕴也是通过隐

---

　　① 胡琦，中央民族大学中国民族理论与民族政策研究院2012级博士研究生。熊坤新，中央民族大学中国民族理论与民族政策研究院教授、博士生导师。本文为国家社会科学基金重点项目"维护和促进西藏社会稳定与发展的文化建设策略研究"（批准号：10AMZ002）的阶段性前期成果之一。
　　② 帕瑞克·纽金斯. 建筑史话［J］. 于志公译. 建筑师，1993（55）。
　　③ 秦红岭. 建筑的伦理意蕴——建筑伦理学引论［M］. 北京：中国建筑工业出版社，2006：43。

性和寓意的形式体现出来的。

（一）布达拉宫与自然地貌的和谐统一是藏族建筑伦理意识的直观表达

布达拉宫位于拉萨旧城八廓街西面 2km 处，拉萨河北边的红山顶上，它依山就势，重重叠叠、迂回曲折，使宫殿与红山完美地融为一体，将迷离多姿的外部空间运用到了极致（图 1）。这一突出的建筑特色不仅构成了"宫堡式"土木建筑的典型，被誉为人类建筑史上的伟大奇迹；而且彰显了藏族建筑家们巧妙地依靠自然，又驾驭自然，因地制宜地将自然地貌与人文建筑合理地进行统一的智慧与能力。建筑家们巧妙地运用了山体的走向、起伏、凹凸等自然特点，采用了多种处理手法，使庞大的宫殿牢牢地生根于山上。为了使宫殿与山体相融，建筑家们首先打破了传统宫廷建筑大都中心对称的思维模式，使整个宫墙体积的组合为不规则、非对称的建筑形式。所以，花岗石砌的宫墙并不规则，而是随山体地形的变化来布置、建构的。宫墙的前后高低错落有致，富于变化，成为半人工半自然的产物。另外，从山下引上宫门的几道踏垛，大体与山的等高线平行，呈不规则"之"字形。两侧的城墙也依山而筑，与整个建筑在构图上彼此呼应。这些墙和垛，把宫殿与山体紧紧地联结在一起。[①]

与自然地貌环境的完美结合是布达拉宫重要的特点之一。在整体的布局上布达拉宫巧妙地利用自然地形，将大小不同、类型各异的建筑有序地组织在一起，高下错落，楼宇层叠，并同时达到了主次分明、重点突出的艺术效果，烘托出了白宫与红宫的主体地位，既表现出对世俗王权即达赖喇嘛的敬畏，也传递出对佛教圣地和人间天国的憧憬。[②]

这种使宫殿与自然地貌的和谐统一，实际上是藏族建筑艺术家们根据藏民族追求人与自然和谐统一的物化形式，是藏族建筑伦理意识

---

① 张育英. 布达拉宫建筑的魅力 [J]. 华夏文化，2000（1）。

② 严桦. 中国世界遗产文化旅游丛书——布达拉宫 [M]. 北京：中国水利水电出版社，2004：38。

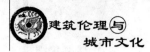

的直观表达。

图1　将宫殿与红山完美地融为一体的布达拉宫

（二）建筑色彩与外部环境色彩的和谐统一蕴含着藏民族独特的审美情怀

布达拉宫的主体建筑外墙均为白色，建筑中简单的木质构件一般涂成红色，这就形成了宫墙红白相间的基本画面（图2），再加上宫顶金碧辉煌，这红、白、黄三种颜色分别象征着庄严、和平和权势。[①]可以说，色彩本身就具有强烈的艺术感染力，并且能够与周围的自然景观完美地融为一体——以白色为主色调的外墙很容易让人联想起附近山峦终年不化的皑皑白雪，让人顿觉颇有"雪域圣殿"之感。由于布达拉宫挺拔雄健，耸入云霄，再加上红宫主打中央，白宫横贯两翼，这种鲜明的颜色对比，使布达拉宫远远望去犹如一轮冉冉升起的红日，让人赏心悦目。

总之，布达拉宫作为一个整体建筑在蓝天、白云和绿树的映衬下，它的白色墙体、红色墙檐、金色宫顶使整个建筑的形象色彩鲜明、醒目突出，又不失一定的稳重。在这里，布达拉宫的整体建筑色彩与外

---

① 余茂智. 布达拉宫——西藏古建筑的精华［J］. 中国西藏（中文版），2005（6）。

部自然环境的色彩主要包括黄、绿、红、白、蓝五色，而这比较模式化的五色在西藏文化中象征着藏传佛教的五大元素"地、水、火、风、空"，也可以形象地解释为：白色表示人纯洁的心灵、宁静、和平之意，象征白云；黄色表示功德广大、知识渊博，象征大地；红色表示权力，有尊严和庄重之意，象征火焰；蓝色表天空；绿色表江河。藏传佛教又赋予这五种颜色为"五色主"之意，即五方佛或五种智慧。① 由此可见，布达拉宫的建筑色彩不仅与自然色彩和谐统一，能够在感官上给人以美的视觉享受，而且其中蕴含了藏民族独特的审美情怀与伦理意蕴。

图2　布达拉宫的白色墙体与红色墙檐给人以美的视觉享受

也就是说，布达拉宫无论是从其与自然地貌的和谐统一，还是从其自身的色彩与外部环境之自然色彩的和谐统一，都彰显了藏民族从整体上崇尚自然与人文伦理和谐统一的基本理念，其中所蕴含的审美情怀和伦理意蕴是藏族民族特性在建筑上的突出反映。

---

① 项瑾斐. 布达拉宫雪城的建筑装饰 [J]. 装饰, 2005 (8)。

二、伦理功能上突出了藏族特定时代政治伦理与宗教伦理的结合

（一）布达拉宫红宫的宗教伦理功能

布达拉宫的核心建筑群是位于中央的红宫，主要是达赖喇嘛的灵塔殿和各类佛殿（图3），除了六世达赖喇嘛，五世至十三世达赖喇嘛的八座灵塔皆放于红宫内，其中以五世达赖喇嘛灵塔为最大。另外，还有二十余座佛殿。红宫是举行佛事活动的场所，故而经书典籍和佛教艺术品都集中于此。红宫内的圣观音殿，是寻找历代达赖喇嘛灵童时进行占卜确认和选任历届摄政王时举行占卜的地方，也是佛教信徒朝拜的主要殿堂。红宫内南侧最高处的殊胜三界殿，在清朝乾隆以后，每逢藏历新年，历代达赖喇嘛都要在此向清朝皇帝的牌位和清朝乾隆皇帝的画像进行朝拜。红宫内的西面有寂圆满大殿，是五世达赖喇嘛灵塔殿的享堂，也是历代达赖喇嘛举行重大佛教仪式的场所。[①] 布达拉宫红宫的宗教伦理功能是与当时的时代密切相关的，在政治、经济、文化和社会发展的相应水平上，政治伦理功能与宗教伦理功能并重，并且相辅相成地和谐发展是符合当时特殊历史时期的当地特定的实际生活的。

图3　布达拉宫塔殿和主供佛殿的鎏金屋顶

---

① 次仁卓玛．布达拉宫主要机构的功能[J]．西藏艺术研究，2008（4）。

藏族普遍崇尚藏传佛教，藏传佛教的伦理功能通过布达拉宫的红宫得到了很好的显示和反映，是藏族在当时特定时代的政治伦理功能和宗教伦理功能的有机结合，是藏族的伦理观念通过红宫得到了很好的渗透和体现。

（二）布达拉宫白宫的政治伦理功能

白宫因外墙为白色而得名，是达赖喇嘛生活、起居的冬宫，这里也曾是原西藏地方政府的办事机构所在地（图4）。白宫主要分为六个部分：①东、西日光殿及孜噶，位于布达拉宫白宫顶层，是达赖喇嘛生活起居、办理日常事务的地方。达赖喇嘛的日常活动由内侍系统管理，主要职责有转送奏文和批文，管理佛事活动，直接管理僧院的法纪事务等。②王宫和雪噶，是历届摄政王的住处。摄政王一般是在前任达赖喇嘛圆寂，新任达赖喇嘛尚未执政时期行使西藏最高政教权力的行政人员。③极乐室，是原西藏地方政府噶厦的办公地点，噶厦统管西藏的政治、经济、文化和军事等各项事务达二百余年，是原西藏地方政府的最高权力机构。④立付局，现为布达拉宫的经书库房，该机构是收支物资的部门。⑤仓库管理局和主内库，该机构每年从原地方政府粮库以及部分宗、谿收取粮食和钱款，负责支付布达拉宫各殿的供品和一些佛事活动所需的物品。⑥僧官学校，学员毕业后，逐步转为原西藏地方政府的低级官吏"孜仲"①。

由于历史因素、地理因素和文化因素的影响，西藏形成了宗教伦理文化与政治伦理文化相结合的"政教合一"②制度，而作为西藏"政教合一"制度的最高权力中心，布达拉宫自然要适应政治伦理和宗教伦理两个方面的需要，反映在建筑布局上，红宫主要是举行与宗教伦理文化有关的佛事活动，并成为显示宗教伦理文化的宗教场所；白宫是继五世达赖以后历世达赖喇嘛的驻锡地，同时也是西藏地方政

---

① 次仁卓玛. 布达拉宫主要机构的功能［J］. 西藏艺术研究，2008（4）。
② 旧西藏政治制度的基本特点是僧侣和贵族的联合专政，即所谓的"政教合一"。

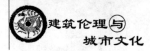

府的办事机构。可以说,这里是集中展示藏族政治伦理文化的场所和所在地。综合起来看,红宫和白宫是布达拉宫建筑的主要组成部分①,同时也是西藏藏族政治伦理文化和宗教伦理文化的传承地和宣示场。

图4 布达拉宫之"白宫"

三、布达拉宫是藏族艺术伦理与实用伦理的天然结合

(一)布达拉宫的建造过程是艺术伦理与实用伦理的有机结合

布达拉宫从1645年开始修建,其后300年间,由于多种原因,如宫殿遭雷击而引起的火灾、战乱和时代久远而缺乏修复等原因,又历经不断的维修、添加和改造工作,在这个漫长的时期中,它的建筑过程看起来几乎是随意的。有时,它会顺应环境,随着山形的起伏、凹凸和走向在地势险要处修建具有军事防御作用的堡垒;有时,它又完全无视地形,为了达到气势上的雄伟,不惜工本地建造地基以扩大山顶建筑的面积;更多的时候,它是随着人数的增加和实际功能的需要,经年累月逐渐添加出来的。越来越多的建筑挤进面积狭小的山顶,后来者不顾风度骑在先到者的身躯之上,或者把它们挤到角落里,有时甚至不得不把原来的建筑拆除。②

---

① 严桦.中国世界遗产文化旅游丛书——布达拉宫[M].北京:中国水利水电出版社,2004:12。

② 余茂智.布达拉宫——西藏古建筑的精华[J].中国西藏(中文版),2005(6)。

总之，布达拉宫整体的建造过程，一方面是基于生活需要，或者军事需要而循序渐进地建设而成，另一方面，这种"顺其自然"的建筑格局本身又是一件气势雄伟的艺术品。故无论是从艺术观赏的角度还是从实用功能的角度看，布达拉宫的建筑过程都堪称是艺术伦理与实用伦理的有机结合。

（二）布达拉宫之建筑细节是艺术伦理与实用伦理的完美结合

布达拉宫几乎在所有的宫殿、佛堂和走廊的墙壁上，都绘满了壁画，周围还有各种各样的浮雕。壁画和浮雕大多都绚丽多彩，所反映的主题栩栩如生，题材主要有高原风景、历史传说、佛教故事和布达拉宫本身的建造场面等，具有较高的历史和艺术价值（图5）。[①] 壁画和浮雕是造型艺术中不可缺少的两大重要部分，它们通过形象的构图和色彩，以及立体的展示，体现着时代的风貌和寓意，而这种体现又和它的实用价值密切相关，在人们观赏的同时可以更加真切地了解到当地的风土人情、特色文化和历史沿革。这种"学习式"的实用价值与布达拉宫建筑细节中的艺术性有机地结合起来，便有效地增加了它的观赏价值和实用价值。

图5　布达拉宫的壁画

---

① 徐春茂．布达拉宫举世无双的宫堡［J］．中国地名，2007（5）。

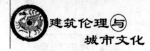

建筑是人类的杰作，是人们按照自己的审美观和伦理观通过设计而建造出来的艺术品。布达拉宫精美绝伦的建筑细节完全体现了藏族艺术伦理与实用伦理的完美结合。

四、内部与外部建筑体现了藏族传统伦理与现代伦理的有机结合

（一）布达拉宫的建筑材料体现了藏族传统伦理与现代伦理的结合

1. 防灾方面合乎人性的伦理构思

布达拉宫在防雷方面有着独特的设计。例如，布达拉宫的金顶就堪称是现代意义上的避雷针。比较大的寺庙前都树立有两根非常高的旗杆，最初是用来防雷的，而且有比较规范的接地线和地线网，相当于两根高耸入云的避雷针，直接将雷电阻击在寺庙之外。后来，这两根旗杆才被演变成为具有纯粹佛教象征意义的杆子。位于红宫的主要灵塔的金顶就相当于现代的避雷针，是用铜、金等导电性能良好的金属制成的。在金顶下面，我们会看到其四周有很多金属吊饰相互连接，给人以很好的视觉享受，实质上它充当了避雷线的作用。屋檐底下，有很多用铜制成的管子，它有两个作用：一是将屋顶的积水排到地下去；二是与金顶相连接，将雷电引入地下。由于在下雨时，雨水流到地面，水本身有导电的功能，雷电就会从金顶传输到铜管，再传输到地面，避免了雷电对建筑物的损坏。① 笔者在西藏参观布达拉宫的过程中，通过导游的引导，就亲眼见证了一种防雷工具——屋顶上的叉子（图6）。与古代防雷不同，现在引入了监控系统、电话、电线、消防管道等，所有这些传统与现代的防雷技术，使布达拉宫的安全系数得到了很大的提高。

凡是高大建筑，都有一个如何防雷的问题。而布达拉宫的设计者和建筑者们在这方面都有着先见之明的过人之处，都体现了合乎人性

---

① 王元红. 解开布达拉宫的防雷之"谜" [N]. 中国气象报，2007_6_5（3）。

的伦理构思。应该说，这是非常难能可贵的。

图6　布达拉宫的金顶上的防雷工具（熊坤新摄）

2. 防震方面合乎人性的伦理构思

布达拉宫在防震方面也独具特色。布达拉宫的"女儿墙"① 是用白马草植物和阿贡土混合制成的，非常坚固，这种堆砌而成的"草墙"，能够减少建筑物的承载量，从而起到减震的作用。此外，"草墙"还具有隔热和保温的作用。"草墙"的发明和使用是在300多年前就精心设计并付诸实施的，这说明了西藏劳动人民对于当地的自然、气候和地质条件有着清晰的判断和科学的认识，这是西藏人民聪明才智的结晶，是因地制宜的产物。时至今日，西藏著名寺院的外墙仍然在继续使用这种"草墙"，这体现着传统工艺伦理与现代人性伦理的一种巧妙结合。

---

① "女儿墙"，在古时叫"女墙"，包含着窥视之义，是仿照女子"睥睨"之形态，在城墙上筑起的墙垛，所以后来便演变成一种建筑专用术语。特指房屋外墙高出屋面的矮墙，在现存的明清古建筑物中我们还能看到。在西藏，女儿墙就是平屋面上高出的一圈围护墙，女儿墙在西藏不同的建筑中会有不同的颜色，一般寺庙平屋顶的女儿墙使用"卞白"做法，即以柽柳条捆扎成束，砌成高五六十厘米到一两米不等的矮墙，修剪平齐，刷上紫红颜色，上覆瓦件或抹灰压顶，形成一圈具有丝绒般质感的紫色条带，其上镶嵌镏金的"佛教八徽"和"七宝"图案；女儿墙上安镏金的宝幢、宝伞、法轮、法鹿等金属装饰部件，显得非常神秘。而一般的建筑物，外墙都是用白色粉刷，女儿墙的颜色一般都会受当地方习俗的影响。

105

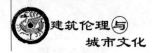

同如何防雷一样，布达拉宫的设计者和建筑者们也同样想到了如何防震的问题。从他们用"草墙"来减轻建筑物的承载量来看，他们的聪明才智同样体现了他们合乎人性的伦理构思。

3. 采光方面合乎人性的伦理构思

布达拉宫在采光方面的设计也是十分的合情合理。整个冬宫坐北朝南，是根据高原地区阳光照射的规律来建造的，并且殿内各大厅和寝室的顶部都有天窗，便于采光和调解空气。即使在今天看来，布达拉宫的建造设计也十分的科学，不仅是藏式建筑中的杰出代表，也是中华民族古建筑中的精华之作。①

这种将采光原理渗透到建筑中的科学性，不仅反映了藏族人民的聪明和智慧，同时也反映了布达拉宫的设计者和建筑者们在采光方面已经具有了合乎人性的伦理构思。

（二）布达拉宫之整体建筑与周边环境体现着传统伦理与现代伦理的巧妙结合

建筑伦理学者秦红岭教授指出："对善的追求，对美好生活的追求，对人类幸福的追求，既是伦理学的宗旨和目标，也是城市规划学科内在的价值诉求。"② 西藏拉萨市对布达拉宫建筑及其周边环境的治理也充分体现了这样的伦理精神。

近年来，为了整治布达拉宫周边环境，拉萨市先后实施了布达拉宫广场改扩建、宗角禄康公园整治、"高原之宝"景观区改造等一系列项目。其中，2005 年 8 月竣工的布达拉宫广场改扩建工程（图7），总投资 1.5 亿元，总占地面积约 15.5hm²，新增近 7 万 m² 的绿地草坪；2006 年实施的宗角禄康公园整治，总面积达到 20.5 万 m²，成为拉萨市最大的开放式休闲公园；2008 年，"高原之宝"公园迁建，新建公园约 2 万 m²。

---

① 余茂智. 布达拉宫——西藏古建筑的精华 [J]. 中国西藏（中文版），2005（6）。
② 秦红岭. 城市规划：一种伦理学批判 [M]. 北京：中国建筑工业出版社，2010：1。

图7　改扩建后的布达拉宫广场

　　为充分体现西藏高原的地域特点和西藏民族特色，布达拉宫周边环境改造工程在广泛征求区内外著名专家学者、社会各界人士和群众意见的基础上，着重突出以人为本的精神，以城市文物保护和城市旅游发展为主题，除了进行地面铺装、园林绿化、音乐喷泉、广播音响等项目外，还在部分区域设置了休闲健身器械等设施。这些设施既充满了现代气息，又反映出西藏特色，与布达拉宫珠联璧合，形成了统一的景色格调。在进一步改善拉萨市容市貌的同时，也为拉萨市民提供了新的休闲娱乐场所。伴随南面的布达拉宫广场与北侧宗角禄康公园的陆续建成，布达拉宫景点被连成整体，形成景区带，而横在二者之间的北京中路广场段道路作为拉萨市的城市主干道，呈东西方向将布达拉宫景点与广场隔开。为了解决此路段的交通拥堵，并将广场公园和布达拉宫景区有机地联系起来，两条具有现代城市功能的地下人行通道已顺利建成并投入使用。具有浓郁民族格调的地下通道不仅成为布达拉宫游览的新亮点，总长283.48m的两条地下人行通道也开启了拉萨城市发展的新篇章。千年古城如今跳动着明快的都市节奏，布达拉宫脚下，愈发成熟的城市功能和逐渐完善的配套设施，正演绎着一页新的历史篇章①。

---

　　①　常川．布达拉宫景区：传统色彩中散发出现代气息［N］．西藏日报，2010.5.12。

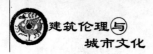
笔者 2012 年暑假到西藏调研，曾亲往布达拉宫及其周围观瞻，感觉到那里的建筑和周边环境真是色调一致，和谐自然，视野开阔，特色浓郁，体现了藏族传统建筑伦理与现代伦理观念的美妙结合，堪称是藏族建筑伦理史上的新标志、新范例和新篇章。

总之，布达拉宫既是拉萨的标志，也是西藏的标志，更是藏族人民巨大创造力和传统文化的象征，其中所蕴含着的堪称丰富的建筑伦理思想是不言而喻的。虽然由于生产技术的进步和社会的变革，布达拉宫所反映的功能要求和它所创造的意象，随着社会的演变和历史的进步而成为若干时代的标志，但是从客观的眼光看，布达拉宫所呈现出来的对建筑伦理的理解以及它的艺术法则、美学规律、处理手法，仍然向我们提供了丰富的伦理信息和基于真善美相结合的有益启迪。①特别是从文化伦理的角度看，布达拉宫这一宏伟建筑本身就体现着藏族人民对自然生态和人文建筑之间的友善关系，将藏族社会的人伦关系和等级秩序融入其中，达到了人与自然关系的和谐统一，其中丰富的伦理意蕴必须从哲学的角度来进行解读。

---

① 严桦．中国世界遗产文化旅游丛书——布达拉宫［M］．北京：中国水利水电出版社，2004：12。

道路桥梁建筑的伦理学问题

韩增禄[①]

建筑风水学是中国古代先民在长期的生活实践中积累的关于生存环境的学问，也是原生态的中国建筑文化理论。长期以来，由于复杂的社会历史原因，其内容鱼龙混杂，其价值鲜为人知。从建筑易学的视角来看，在道路、桥梁等建筑工程方面，风水学中的避冲煞理念，仍然具有不可忽视的现实意义。

"煞"原指"凶神"，即所谓"凶神恶煞"。凶，危险也；神，"阴阳不测之谓神"[②]，阴阳不测，即不可预测之谓也。所以，"凶神"指不可预测的危险。"煞"则是指随时都有可能发生，而又不知道什么时候就会发生的危险。"冲煞"，是指建筑物中所存在的不可预测的危险，即所谓"隐患"。"煞"的形式，主要有两种，即形煞和理煞。形煞，是指能够直接看得见的、有形的危险因素。形煞的类型很多，常见的主要有：断头煞、碰头煞、顶门煞、压顶煞、陷阱煞、地雷煞、穿心煞、反弓煞、天斩煞等。理煞，是指不能直接看得见的、无形的危险因素。

《周易·系辞传下》曰："天地之大德曰生。"以易学为中心的中国传统文化，倡导"贵人重生"、"重命养生"、"乐生恶死"的尊生之道，反对无谓的伤生、害生、轻生行为。以这种理念为核心的风水学说，讲天，讲地，中心是讲人。其中特别强调的，就是建筑工程学中人文

[①] 韩增禄，北京建筑大学建筑文化研究所前所长，文法学院教授。
[②] 《周易·系辞传上》。

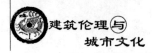
关怀的建筑伦理学问题。然而，我们所看到的实际情况却是在现代化道路、桥梁的建筑工程中，存在着许多违反建筑风水学的常识性问题。

一、当代道路建筑中的安全隐患

（一）道路上的"断头煞"隐患

"断头煞"，是指由于人为设置的障碍阻断了道路畅通而产生的安全隐患。此等隐患，在当代的道路和桥梁建筑中，并不少见。例如：位于公路中间的障碍物造成的隐患；在城市建设、建筑设计和古建筑维修中，出现的断头路面、断头台阶、断头桥面、断头甬道、断头盲道等隐患（图1、图2）。还有专门设计成九曲十八拐的狗牙形状的盲道，被称作"世界上最缺德的盲道"[1]。这种只有前进符号而没有转向符号却连续拐弯的盲道，实质上就是一条系列的断头盲道。

此路不通的断头台阶

图1　清华大学建筑馆报告厅门前人为设计出来的断头台阶

（韩增禄摄于 2008 年 3 月 25 日）

---

① 参见：秦红岭主编. 建筑伦理与城市文化（第一辑）［M］. 北京：中国建筑工业出版社，2009：49。

图 2 北京展览馆后湖南岸建造的断头甬道

(韩增禄摄于 2013 年 9 月 16 日)

(二) 道路上的"碰头煞"隐患

"碰头煞"是由于门框的高度,以及道路上方其他建筑物或树木距离地面的高度设计不当,而使得过往行人容易碰头的安全隐患。按理说,门框的高度,道路上方的交通设施 (如过街天桥等) 距离地面的高度,都应当符合"人体工学"的要求。这是建筑工程中体现人文关怀理念的基本要求和普通常识。但是,在现实生活中,我们常常会见到与此相反的诸多实例。

例 1:出入门洞的高度问题。

门户为房屋、院落的出入必经之地。门的高低、宽窄之大小,理应符合人体工学与行为科学的基本要求。按照中华人民共和国国家标准《住宅设计规范》(GB 50096-2011) 明文规定:"共用外门洞口的高度不得小于 2m,宽度不得小于 1.2m。"同样道理,楼房内部门洞口的高度和宽度,原则上也应符合这一规定。然而,现实生活中,由于原来建筑设计与后来建筑在使用功能上的变化等原因,却出现了不足 1.5m 高的门洞。由此出入的人,在"小心碰头"的标识下,不得不

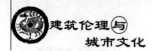
弯腰低头而过。

例2：过街天桥的高度问题。

某些广场与街道上过街天桥的问题，就更加令人担忧了。有些过街天桥，由于距离地面人行道乃至盲道的高度偏低，以及出口方向设计不当，存在着伤人的隐患。

例3：路边树木的高度问题。

按理说，若路边的树枝偏低而影响公交车辆通行的话，需要锯掉或砍掉这些树枝，以利于道路通畅。然而，伸展到路边人行道特别是盲道上方的树枝，给行人特别是盲人造成的障碍，却往往为人们所忽视，疏于管理。

（三）道路上的"顶门煞"与"压顶煞"隐患

"顶门煞"是指位于门户出入口正中间的物体所产生的安全隐患。门户的基本要求是畅通无阻。如果将一根柱子立在房门的正中央，或将门户开设在正冲一颗临近大树的位置上，就有身心方面的安全隐患。上下两头尖的针形重物，高悬在社区大门过道正上方，而形成具有威慑力的"压顶煞"（图3）。

图3　北京清河南镇一社区大门正上方悬有巨型针形
装饰物而形成的"压顶煞"

（韩增禄摄于2010年11月14日）

（四）道路上的"陷阱煞"隐患

在中国文化中，"陷"与"坎"相关。东汉学者许慎在《说文解字》中说："坎，陷也，从土欠声。"欠土，则为坑，为陷阱。阱中有水，则为水牢。人们把道路、土地上的坑坑洼洼称作坎坷。坎，又是八卦和六十四卦之一。在八卦的自然取象中，坎为水。就六十四卦来说："坎者，陷也"①。"坎为水，为沟渎，为隐伏……其于人也，为加忧，为心病"②。

因此，坎就是陷，陷则有险，险则有忧，忧则必生隐伏之心病。在六十四卦中，坎卦的卦象是坎上坎下，重坎也。《坎卦·象传》曰："习坎，重险也……天险，不可升也。地险，山川丘陵也。王公设险，以守其国。险之时用大矣哉！"其意思是说，天上的险我们升不上去，够不着。地上的险就是山川丘陵。险也可以用来守卫国家。除了天然的险要之外，人工建造的城池，就是一种防卫设施。险的作用，有害也有利。从设险以守其国来说，险是有大用的。

中国住宅风水中所说的陷阱之险，是就其有害方面而言的。因为住宅、道路、桥梁等工程建筑是为人而建造的，是要与人为善而不是与人为患的。因此，"陷阱煞"（又称"坎陷煞"），是指在人们居住之所或人们出入必经之地，由于井盖丢失等原因人为地设置陷阱，而产生的不可预测的隐患（图4）。

近年来，因窨井盖丢失或施工不当而酿成的人身伤害事故，时有发生。以下便是三例。其一，据《东方今报》2008年1月8日报道：2007年8月2日，郑州突降大雨，街头的窨井盖不知是被水冲开了，还是被人为掀开了，结果一位骑车男子被"吞"进去淹死了。其二，人民网四川视窗2009年5月8日报道：南充三名盲人在祝贺朋友的按摩院开业后，便排成一排穿越街边盲道回家，不料盲道上有两个没盖子

---

① 《说卦传·第七章》。
② 《说卦传·第十一章》。

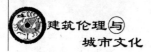

的窨井，两个窨井相距不到3m，一个窨井就在盲道上，井底较浅，里面堆满了垃圾。另一个较深，在两条盲道拐角处，里面有很多污水，水面还露出许多线缆。他们"跳过了第一个洞，没想到又有一个"！其中一名盲人不慎掉进了第二个窨井，全身没入水中，幸得路人及时出手，才将其救出来。其三，据《重庆晚报》2009年12月4日报道：一座新修的大桥，沥青路面平整如镜，但谁也没有料到其中暗藏"杀机"。约在1个多月前，该大桥建设方在巡查桥面时，意外发现大桥中部两条伸缩缝位置桥面开裂，为此工人们将大桥中界线一侧的桥面沿裂缝挖开，形成两个长方形的深坑，另一边的裂缝得以保留方便通行。村民们说，奇怪的是，深坑挖好后，施工方并没有及时回填，上面也没有用挡板遮掩，没有树立任何警示标志，只是在来车的两头摆放了几块石头。"石头没有摆放紧密又没有拉线，不少摩托司机在夜间以为前方不危险，借道超车，结果两条深坑成了杀人的陷阱。"从而导致多辆摩托车接连掉入，4天内5辆摩托出事，已有3人死亡。

图4　秦皇岛市盲道上的陷阱

（来源：http://news.xinhuanet.com/photo/2005-05/23/content_2989476_1.htm）

　　由于城市地下管道泄漏，地铁施工不当，地下水开采过量或采矿施工不当等原因，都会产生陷阱隐患，并造成交通事故，乃至人身伤亡的事故。因地下管道泄漏而产生"陷阱煞"隐患，并造成交通乃至人身伤亡事故的根本原因，大都是由于没有建造管道沟，而直接用土掩埋管道的缘故。

例如，据京报网 2011 年 8 月 17 日报道：8 月 16 日下午 2 点半左右，成都市福兴街道路上突然塌陷，路面出现一个直径约 0.5m，深约 1m 的坑。一辆轿车驶过时差点陷进去，所幸未造成人员受伤和车辆损坏。记者注意到，坑内的泥土看上去比较陈旧，不像是刚塌陷的。有目击者猜测，可能是路下方本来就有一个没填好的坑，路面只有一层薄薄的沥青，车辆长期碾压后，路面就出现了塌陷。又如，《新京报》2012 年 4 月 10 日报道：2012 年 4 月 1 日下午 3 点半，杨女士与同事在前往位于北京市北礼士路的物华大厦时，人行道上的一块路面突然塌陷，杨女士不慎坠入满是滚烫热水的坑中，造成全身 99% 被严重烫伤，并最终医治无效，不幸去世。热力集团相关负责人表示，初步判断是附近热力管道漏水，掏空人行道下泥土致塌陷。

（五）道路上的"地雷煞"隐患

除了军事意义上的地雷效应之外，城市建筑上的"地雷煞"，是指由于热水管道爆炸而产生的类似甚至超过军事上地雷爆炸效应的危害。

随着现代城市的发展，地下热水管道的铺设由于设计与施工方面的问题，不仅会产生地面下陷的隐患，还会产生管道爆炸的路面隐患。近年来，我国包括北京在内的一些城市，有关热水管道爆炸的事件多有报道。

例如，据 2011 年 3 月 16 日《新京报》报道：3 月 16 日在北京白石桥附近，车公庄西路和首体南路交叉口，发生了热力管道爆炸事故。爆炸将路面炸开直径数米洞口，管道中热气大量外喷，水蒸气形成巨大的蘑菇云，凝结成水珠往下滴，在路面形成积水。周边道路全部封锁。事发路口，有不少行人没能及时躲避，被水蒸气烫伤，至少有 7 人被送往医院。

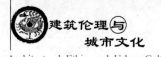

（六）道路上的"天斩煞"隐患

"天斩煞"是指在两个相邻距离较近的高大山峰或高大建筑物之间，所产生的强大气流冲击的隐患。两个相邻物体的体量越大，两者之间的缝隙越小，正对两个相邻物体之间的缝隙越近，所面临的"天斩煞"强度就越大。所谓"针鼻儿大的窟窿，斗大的风"。因此，中国的风水理论，不主张建造中间有空洞的建筑物。因为，风水理论强调"藏风聚气"。所谓"藏"，有躲藏、躲避之意。"藏风"，就是避风，就是避开有害之风、有害之气。建筑物中间的空洞或缝隙，就是人造的风口。风口之处，风疾气不聚，鸟不筑巢，人不宜居。

实际上，有"天斩煞"隐患之处，就是一个巨大的风口。如果城市街道很窄，而两侧的建筑物很高时，也会形成"天斩煞"。据测定，在风吹到单面高层建筑墙体上的时候，由此而产生反激风的风速会扩到 5 倍，而在两幢高层建筑之间的夹缝中所形成的反激风的风速会扩大至 10 倍。这种反激风的风向，有横向的，也有纵向的和漩涡状的。它能把街上行人吹倒，也能把行人吹离地面再摔到地上。现在，摩天大楼之间所产生的风灾，已经成为威胁城市道路安全的"隐形杀手"。

现在的一些超高层建筑大都是钢架玻璃幕墙结构。在一般情况下，80 层以上的超高层建筑，风力和反激风所产生的物理效应，已经成为建筑师所要考虑的主要因素。由反激风所产生的负压，会使得超高层建筑的外层玻璃像秋风扫落叶似的纷纷脱落。由此而给地面街道上的行人、车辆造成严重危害的事故，在国内外都时有发生。例如，20 世纪 80 年代初，在美国纽约摩天大楼集中地，有一位名叫罗丝的小姐，正走向轿车时，突然两脚离地，身不由己地被旋转起来，然后像空中飞人似的直插路边的水泥花坛，当即被摔得头破血流，双臂骨折，不省人事，经及时抢救才保住性命。那么，谁是谋害罗丝小姐的凶手呢？最初，罗丝小姐控告摩天大楼的设计师和市政府，法院不予受理。后来，在空气动力学家和律师的帮助下，证明凶手是由于高楼的建筑设计和布局不当而造成的"穿街风"，旷日持久的案件才以科学的胜利而告终，罗丝小姐因此而得到了 60 万美元的赔偿费。这就是闻名于世的全世界第一桩"穿街风诉讼案"。

"天斩煞"在本质上是一个流体力学问题。它不仅存在于两座高大的建筑之间，也存在于由相近的两座高山所形成的峡谷之间。据媒体报道，2007 年 5 月 12 日 10 点 50 分左右，一辆货运火车在经过北京门头沟雁翅火车站西侧约 1km 处山涧中一座高架桥时，车上所运载的 10 多米长净重 2.2t 的两个空集装箱，被突然产生的 8 级大风吹落到了桥下 40m 深之永定河的河道里。

（七）道路上的"反弓煞"隐患

"反弓煞"是指位于弯路外侧附近的人或建筑物所遇到的隐患。在风水学中，把位于河流或道路弯曲处的外侧比喻为"反弓形"，由此而产生的隐患，被称之为"反弓煞"。"反弓煞"是"路口冲煞"或"水口冲煞"的一种特殊形式。"反弓煞"主要发生在与弯道外侧处于同一个平面上或位于弯道外侧下方附近之处。否则，若位于弯道外侧上方的附近之处，就不存在"反弓煞"的问题。因为即便是在弯道之处发生车祸，肇事车辆也只能沿着道路外侧的切线方向往外甩，或者是沿着高架桥外侧的切线方向甩出去之后往下掉，而决不会往上飞。有"反弓煞"隐患的路段，特别是高架桥路面的急转弯之处，由于车速过快或失控时，在惯性离心力的作用下，很容易发生导致人身伤亡事件的交通事故。

近年来，国内外因"反弓煞"而导致的此类事故，时有发生。例如，据《新民晚报》2008 年 5 月 7 日报道，上海高架桥弯道外侧一辆卡车上的集装箱飞落造成 3 死 2 伤。事发地是南北向 A30（同济路）通往东西向 A20（泰和路）的一个高架弯道，作为通向外环隧道以及浦东外高架桥码头的必经之路，这里沿途车辆中，集装箱卡车占了绝大多数。2008 年 5 月 6 日下午，记者赶到现场，顺着人群聚集的方向看去，一个长约 10m、宽 3m 的黄色集装箱，卡在了淞滨路吴淞实验学校东侧的一条弄堂内。它的正上方，便是这个高桥架弯道。高架桥外

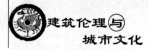
侧的绿色隔声板被撞出了一个约 15m 长的口子。

又如，2005 年 4 月 25 日，一向以高速、安全著称的日本城铁发生灾难性事故。按照行车规则，列车在驶入这个弯道时，应该减速至 70km。但是，属于西日本铁道公司的一列城铁在行驶至神户塚口至尼崎路段时，刚 20 出头的司机为了按规定时间准时抵达尼崎站，将时速提高到了 117km。结果，在经过一个弯道时，过快的速度让列车 7 节车厢中的 5 节"飞出"铁轨，头两节更是硬生生插入铁路旁的一栋公寓，导致 107 人遇难，500 多人受伤。

因此，在平地路面和高架路面弯道之前的适当的位置，都应当设立高大醒目的限速路牌，并在位于道路急转弯儿的外侧，设立足以保障人车安全的防护措施。

此外，在城市街道上，由于安装在路边电线杆与广告杆上的接线盒设置不当，在城市内涝期间被雨水淹没而漏电，导致路上行人触电伤亡的，也是一种值得重视的安全隐患。究其原因，主要有如下几点：其一，是电杆上接线盒的安装位置偏置低，在城市内涝时低于街道积水的水位，容易被附近道路上的积水淹没而带电。其二，是线头裸露，绝缘不良，且电箱盒盖脱落。即便是无雨天气，也不安全。其三，是设计不周，管理不严。

二、古今桥梁建筑中的人文关怀

（一）中国古代桥梁建筑中的智慧

建筑风水学主张，住宅门户的方位朝向，一定要避开街道要冲之处。《阳宅十书》曰："凡宅不居当冲口处"，"凡宅开门路及车门，不要直射，谓之穿心煞。主家长横死之患。"住宅门前，若有一条直路相冲，谓之"穿心煞"（又称"穿心杀"）。通俗地说，"穿心煞"是指来自对面的路口、风口、水口、山口、桥头等处，犹如刺向人体心脏一般的隐患。风水上有一个说法，叫作"一条直路一杆枪。"故而，称之为"穿心煞",简称"枪煞"。这里说的是陆路上的交通问题。

就水面上的桥梁建筑来说,首当其冲地位于水流中间的桥墩,大都存在着"穿心煞"隐患。化解其"穿心煞"隐患的有效方法,是在桥墩有冲煞隐患的一侧建造有效的防护墩。易学思维,倡导以预防为主,即所谓"君子以思患而豫防之"①,"凡事预则立,不预则废"②。中国古代的桥梁建筑,也是如此。

在中国桥梁史上,以预防为主的设计思想,很早就有所体现。其中最典型的实例,就是北京的卢沟桥,泉州的洛阳桥,晋江的安平沟桥与杭州的拱宸桥。这四座古桥,依据当地的地理气象条件及其使用功能的特点,其防护墩的设计各有特点。兹分别讨论如下:

1. 北京的卢沟桥

卢沟桥位于永定河上,始建于金代大定二十九年(1189 年),建成于明昌三年(1192 年),初名广利桥,距今已有 800 多年的历史。清康熙三十七年(1698 年)重修建。卢沟桥工程浩大,建筑宏伟,结构精良,工艺高超。桥全长 266.5m,桥面宽绰,桥身全用坚固的花岗石建成,下分 11 个券孔,中间的券孔高大,两边的券孔较小。10 座桥墩建在 9m 多厚的鹅卵石与黄沙的堆积层上,坚实无比。桥墩分为上下两层,迎水的一面砌成船形的分水尖。下层桥墩分水尖的每个尖端,都安装着一根边长约 26cm,锐角朝外的三角铁柱,这是为了保护桥梁主体,使桥墩能够抵御春天河水解冻时从上游冲下来的冰凌,以及夏天洪水冲下来的树木等沉重物体对桥身的撞击,人们把三角铁柱称为"斩龙剑"或"斩凌剑"。三角铁柱还可以随时更换(图 5)。

2. 泉州的洛阳桥

比卢沟桥更早的泉州洛阳江上的洛阳桥,也有类似的防护设施。洛阳桥原名"万安桥"。它与北京的卢沟桥、河北的赵州桥、广东的广济桥并称为中国古代四大名桥。它是当时广东、福建进京城的必经

---

① 《周易·豫·大象》。
② 《钦定四库全书·卷十六·吴中水利全书》。

图5 北京卢沟桥迎水方向十座船形防护墩和"斩龙剑"

（韩增禄摄于 2008 年 12 月 5 日）

之路。当年每逢大风海潮，常常连人带船翻入江中，当地人为了祈求万无一失地平安渡过，就把这个渡口称为"万安渡"，桥也因此称之为"万安桥"。洛阳桥于宋代皇佑五年（1053 年）四月动工，于宋代嘉祐四年（1059 年）十二月完工。根据史料记载："初建时桥长三百六十丈，宽一丈五尺，武士造像分立两旁。"造桥工程规模巨大，结构工艺技术高超，名震寰宇。建桥 900 多年以来，先后修复 17 次。现在桥长 73.29m，宽 4.5m，高 7.3m，有 645 个扶栏，104 只石狮，1 座石亭，7 座石塔，44 座桥墩。每座桥墩的下面，都设有体量大小、长短不一的船形防护墩（图 6）。不过，由于这里的气候较暖，其船形防护墩就没有所谓的"斩凌剑"了。

千条江河归大海，海纳百川。洛阳江也是流向大海的。由于江水的流向与涨潮时的潮水流向是相反的，而且潮水是逐渐上涨的，所以涨潮时潮水的流速较慢。由于落潮时的潮水流向与江水的流向是一致的，落潮时的潮水与江水以及上游的山水相叠加之后，落潮时的水流速度要比涨潮时的水流速度大得多。所以，中国古代的工匠，特意在主桥体迎向落潮水流一侧的桥墩前，都设有长短不齐、大小不等的船形防护墩，利用船形防护墩接触落潮水流先后不一的时间差，来消减落潮水流对桥体的冲击。

图6　福建泉州洛阳桥长短不齐、大小不等的船形防护墩

（韩增禄摄于 2011 年 11 月 21 日）

3. 晋江的安平桥

安平桥又称五里桥，位于福建晋江市安海镇。始建于南宋绍兴八年（1138 年），前后历经 13 年告成，明清两代均有修缮。由于安平桥比洛阳桥距离海岸近得多，两者相比较而言，安平桥所承受的涨潮冲击力也比洛阳桥较大，所以安平桥主桥体的两侧都设有长短不齐、大小不等的船形分水尖。

4. 杭州的拱宸桥

拱宸桥，位于浙江杭州的大运河上，建于明崇祯四年（1631 年）。清光绪十一年（1888 年）重建。杭州大运河又叫运粮河，其主要功能是将南粮北运、北材南运。拱宸桥是运粮河南端的一座桥梁。为方便重载船只的运输起见，特将桥洞尽量扩大，与此相应的桥墩设计也就比较窄小。为预防运河上往来运行的重载船只一旦撞到防护墩而将撞击力传递到桥身上去的隐患发生，特意在大桥两侧都设有与桥身相分

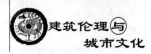

离的船形防护墩，以确保桥梁主体安然无恙。

上述以预防为主、因地制宜的设计思想和周密而巧妙的技术措施，都值得当代建筑工程所借鉴。

（二）中国当代桥梁建筑中的隐患

上述桥梁的船形防护墩设计，堪称中华智慧的结晶。然而，一些现代建筑的桥梁，由于缺少行之有效的防护墩设施，却往往会由于过往船只或其他重物的撞击等原因，而不断出现桥梁坍塌、车毁人亡的悲剧。此类事件多有报道，已经不是什么偶然性的"个例"了。

例1：2007年6月15日广东省九江大桥垮塌。2007年6月15日凌晨，位于广东省西江干流下游325国道上的九江大桥，被一艘2000t级的运沙船鲁莽地撞断桥墩，酿成了一宗导致200m桥面垮塌，4车坠河9人失踪，交通动脉中断的惨祸。其主要原因，是大桥的桥桩位于水路要冲之处，而大桥的设计者却在桥梁防护墩的设计方面留下了安全隐患。俗话说："不怕一万，就怕万一。"防护设施，是防备万一的。然而，在九江大桥的设计中，几乎看不到行之有效的"非通航孔桥墩"的防护墩设施。据说，"一般的大桥不会设计太大的桥墩，因为这将消耗较高的成本，因此防撞设计通常不高。"这种说法，很值得讨论。大桥的设计，不能只考虑经济效益问题，更重要的是社会效益问题，即所谓以人为本的人文关怀问题，以及由此而引起的社会恐惧心理问题。人命关天！退一步说，一旦发生大桥坍塌事件，其经济损失以及重新修复大桥的经济投入，也会远远大于当初设计桥墩防护墩时所"节省"下来的经济投入。

例2：黑龙江省哈尔滨市阳明滩大桥南面引桥垮塌。据中国经济网2012年8月25日报道：8月24日凌晨5点30分左右，黑龙江省哈尔滨市阳明滩大桥南面引桥群力新区匝道发生垮塌事故。记者通过拍摄到的照片看到，在垮塌的桥梁体内，充塞着鹅卵石、木棍和编织袋的混合物，钢筋是铺在箱梁内的，并没有看到捆扎的情形。记者在现场看到，在垮塌的匝道下，有四辆货车"躺卧"在地上，已经面目全非，一些白色塑料袋成堆地散落在地面上。一些围观者告诉记者，从桥上跌落的一共有四辆车，第一辆是拉饲料的，后三辆是拉石灰的，前三辆车当时正停在匝道上，第四辆车上到匝道后就发生了塌桥事故。后据哈尔滨官方发布的消息称，事故共造成了3死5伤。

写到这里，许多值得反省的问题便油然而生：我们现代人与古人相比，究竟都有哪些差距呢？诚然，我们在道路、桥梁建筑的材料、技术等硬件方面，已经超越了前人许多。可是，我们在建筑工程中坚持以人为本、人命关天、百年大计、质量第一、预防为主、实事求是的价值观念与人文关怀，以及为此而付出的智慧与创造方面，难道就毫无羞愧之色与汗颜之处了吗？古今相比，我们究竟有哪些进化，有哪些退化呢？

曾子曰："吾日三省吾身：为人谋而不忠乎？与朋友交而不信乎？传不习乎？"① 其意思是说，"我每天都多次反省自身：替人家谋虑是否不够尽心？和朋友交往是否不够诚信？老师传授的知识是否复习了呢？"做人，是需要反省的。有反省，才能有进步。做建筑工程的人，也是如此。

① 《论语·学而》。

城市伦理

Urban Ethics

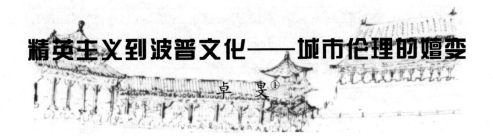

精英主义到波普文化——城市伦理的嬗变

卓旻①

　　昂贵的居住空间，拥挤的城市交通，污染的空气水源，紧张的人际关系，这似乎是现代中国城市的普遍写照。这些问题的严重性，似乎不亚于这几十年来城市化进程中在人均居住面积或是城市卫生水平方面所取得的成就。中国城市的发展本质上是一种自上而下的由精英阶层主导的变革，即使当下大多在讨论顶层设计的问题，并不意味着之前的顶层设计的缺失。但是出于精英主义的本质，即并不吝于在需要时牺牲局部以顾全所谓的大局，则很难定论城市的发展是否真实体现城市大众的意志。精英阶层在城市变革中代替民众思考的机制，使城市伦理这一逻辑并不具有过多的说服力，而从城市伦理角度来看，错位的伦理关系是否可能导致城市发展的扭曲呢？这一点值得我们对西方近当代城市发展进行再一次的审视。

一、城市精英的现代主义尝试

　　工业革命以来，城市的发展一直掌握在精英阶层的手中。从早期的空想社会主义者开始，城市精英们试图以一种理性的意志和乌托邦的理想来改造被工业革命破坏的城市脉络。工业革命带给城市的问题是人类历史上前所未见的。在这样一种不知所措的情况下，结合恶劣的工作环境，合乎逻辑的结果就是学者们倾向于全部推翻或是遗弃被

---

　　①　卓旻，中国美术学院城市设计系系主任，副教授，硕士生导师。

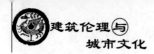
工业革命破坏了的城市，而重建心目中理想的乌托邦城市。这其中，19世纪英国空想社会主义者罗伯特·欧文（Robert Owen）提出了"新协和村"（Village of New Harmony）的工厂城镇模型（图1）；法国思想家傅立叶在他的《新工业世界》一书中提出了"法郎吉"（Phalanxes）——一个基于"情感吸引力"的原则建立起来的理想公社模型（图2）。① 之后，英国城市学家埃比尼泽·霍华德（Ebenezer Howard）提出的田园城市（Garden City）理论由同心圆式的铁路环绕，它的核心是要在一个大的城市周边建设一些小的卫星城镇，而这些城镇都应该被田园包围。田园城市是自给自足的，是地域性的，周围铁路的运行并不是为了人的活动，而是为了物的运输，这种城市形态理论也是建构于乌托邦的理念之上（图3）。

图1　欧文在美国印第安纳州试点的"新协和村"

图2　傅立叶设想的"法郎吉"

（来源：William J. R. Curtis. *Modern Architecture Since* 1900 [M]. London：Phaidon，1996：242）

---

① Kenneth Frampton. *Modern. Architecture*：*A Critical History* [M]. Thames & Hudson Ltd 1985：13.

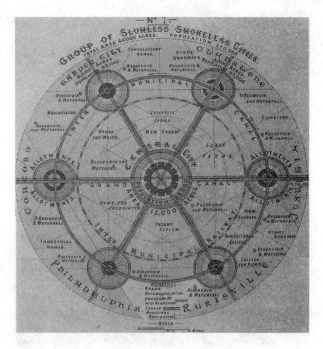

图3 霍华德的田园城市群设想图

　　现代主义思潮在建筑界风起云涌之时，这一类乌托邦城市构想被推向极致。理想城市不再仅仅停留于理论模型，其具体的形态和风格也在成型。现代主义的大师勒·柯布西耶（Le Corbusier）在其分别于1922年和1933年出版的《明日城市》和《光辉城市》两本书中，更为将来的城市勾画了一幅全新的蓝图。在《明日城市》中，他提出以极化密度的方法解决城市的拥挤弊端，也就是大量建造高层建筑获取局部高密度，以换取高层建筑周围的低密度绿地。这一设想在其1925年的巴黎中心区改建方案（Plan Voisin Pour Paris，图4）中得到充分体现。这是一个极其宏伟的计划，城市原有的一切将被夷平，取而代之的是一幢幢十字平面的高层建筑，间以大片的绿地穿插在摩天大楼之间。在《光辉城市》一书中，勒·柯布西耶进一步提出阳光、空气、绿地等"基本欢乐"要素的观念，他所描绘的城市是"退层的建筑，中间是公园和学校。电梯分布在一个合理的距离之间（在建筑内不需要走超过一百米的距离）。车库就在电梯附近，和道路直接相连

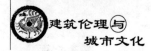

……公园内有游泳池。屋顶花园连绵不绝，人们在上面可以进行日光浴"①。同年，勒·柯布西耶在国际建筑协会的第四次会议上提出了著名的《雅典宪章》，界定了城市的四大功能——居住、工作、游憩、交通。

图4　勒·柯布西耶：1925年的巴黎中心区改建方案

（Plan Voisin Pour Paris）

勒·柯布西耶的城市构想无疑是划时代的和革命性的，现在我们回过头来看看这些城市规划，不禁也为它的规模和气势所震慑。那一幢幢整齐划一的现代主义建筑，那些大面积的公园绿地，绝对让人霎时陷入一种麻醉状态，这是多么令人心驰神往的城市啊！尽管巴黎躲过了这一革命性的变革，事实上二战之后西方不少大城市按照这样的模式进行了重建或是城市改造。现代主义的城市规划在改善城市市民居住条件的同时，其潜在的巨大破坏力也对城市造成了无可挽回的影响。城市中通过一代又一代创造和继承下来的空间形态和文化脉络几乎被破坏殆尽。植入的现代主义城市规划往往和原先城市的空间形态和尺度比例格格不入，一直以来城市的延续性此时此刻产生了断点。

现代主义的建筑和城市在全世界以一种标准不断复制，国际风格

---

① Le Corbusier. *The Radiant City* ［M］. Orion Press . 1967：109.

（International Style）从某种意义上来说已成为一种"单调的新古典主义"，而城市中的人已经被抽象为一个以模数衡量的标准人。在这样一个僵硬而单调的城市空间结构里，人对于城市的特殊体验已经被标准化了，搬家可以是一件毫不犹豫的事。乌托邦的城市理想事实上带来了城市体验的同质化，而这种同质化，不仅毁掉了居住者的家园感，也根除了文化和地域的独特性。

二、精英阶层的反思与迷失

现代社会和现代建筑的巨大尺度以及其对于历史的割裂，使人们产生了相当的困惑和恐惧，人们对于那些缺乏事件因素的建筑和城市空间有着天然的躲避趋向并遗弃之。实际上，在西方尤其是美国城市中随处可见这些零碎的"失落空间"。当人们对自己的城市变得越来越陌生，对于过去的强烈怀旧感不禁使人们对于功能至上的原则提出了质疑。但是，现代主义具有如此的革命性和强势，唯一可以与之抗衡的似乎只有它试图摧毁的过去——历史。对此，不少学者试图从历史的源泉中吸取现代社会可以借鉴的元素。

意大利新理性主义的代表人物阿尔多·罗西（Aldo Rossi）试图通过类型学和形态学来表达城市和建筑，城市在他那里被看作是"集合记忆的剧院"。通过对城市基本元素的归类——街道、拱廊、广场、庭院、林荫道、大道，使得城市重新可以被行走，重新变成一种可以被清晰阅读的文本。在现代主义时期，这些基本元素所组成的结构崩溃了，甚至是消亡了。新理性主义希望通过归类，重新建立起一种建筑模式结构，而这个结构作为一个事实存在是被集体采纳的。罗西提出"类同的城市"（analogical city），其中类推的设计意味借鉴过去城市形式（形态学）和建造形式（类型学）——这些过去结构的美学并不需要理会这些形式的意义，因为这些意义已经随时间变化了。罗西强调"场所比人更强烈，固定的景物与比事件的瞬间的转化更强烈"的立场。他认为，一个地点的意义不在于它的功能，甚至它的形式，

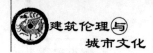

而在与它联系的记忆。

新理性主义以类型学的角度从历史中提取改造城市方法的理念，在西欧逐渐演变成欧洲城市的二次重建运动。这次重建运动的中心议题就是，如何从社会学角度保护和改造历史性中心，使之作为大众生活的理想的模型。就实际情况而言，欧洲 20 世纪 60 年代之后的城市重建运动对于历史的尊重令人敬佩。但是，随着商业活动在当代的深入发展和在各个领域的渗透，在重新恢复城市历史文脉和场所意义的同时，也带来了意想不到却又是必然性的城市贵族化倾向。古典的形式经过几百年的积淀，相对现代主义来讲本身就包含着一种贵族倾向。同时，城市的历史性中心由于其地理位置，通常不是一般的力量所能推动的，而只有商业和政治的合力。在当今全球化的浪潮和资本自由流动的带动下，城市的发展似乎已被无处不在的商业所劫持而沦为其俘虏。

这场带有人文复兴精神的城市历史中心重建运动，可以说在某种程度上和现代主义有相似之处，那就是源于都市精英阶层的反思和提倡。作为社会主体的草根阶层，只能作为一个被动的追随者不断接受既成事实，直接的结果往往是贵族化城市的人文本质的空洞化——人文精神徒有其表。对于贵族化所带来的另一种形式的文化同质化，草根阶层并非毫无知觉，他们有着强烈的保护自己文化的意向。例如，美国前总统克林顿在卸任之后，曾打算把他的办公室搬到纽约以高犯罪率闻名的哈莱姆区，不管是政治作秀还是别的什么意图，其中的好意是显而易见的，但是哈莱姆区的居民并不买账，他们一致反对克林顿的迁入，原因就是担心前总统的迁入会带来大量的商业投资从而改变哈莱姆区的文化环境。权衡利弊，还不如不要总统来。

三、波普倾向的新城市主义

（一）乌托邦和贵族化

20 世纪初期以来的城市改造，从实际进程来看，有一条主线是贯穿着整个发展进程的，那就是城市是被动改造的客体。在这方面，与工业革命之前的城市发展进程有很大不同。欧洲中世纪到文艺复兴时期的"市民社会"，决定了工商业的壮大是城市扩大和发展的主要推动力。这个时期，大部分欧洲城市的发展处于一种自治状态，城市的疆界伴随着市民的生活需求慢慢向外扩展，小巷逐渐变成街道，并随着城市的扩张自由地延伸着。例如，任何一个去过威尼斯的人，当他（她）穿行在那曲曲折折的街道时，必定会对这样一个有机生长的城市状态有清楚的感知。

工业革命之后，欧洲中世纪以来的这种缓慢而有机的城市化进程，显然已不符合时代的需要了。在这一背景下，现代主义城市运动便不可避免。但遗憾的是，相对民众而言作为"群体场所"的城市，对于建筑师来说却会下意识地将之转变成个人的理想之都。知识分子对于社会的强烈救赎感，使得城市成为他们"拯救众生"的舞台。尽管出于对改造大众生活的理想，但个人主义的精英文化所造成的与民众的脱节，不免忽略了个体的感受。带有理想主义的乌托邦城市在扫荡了城市的贫民窟的同时，也带走了城市独有的个性和魅力。

作为对现代主义冰冷的国际风格的修正，后现代思潮从历史当中汲取了很多"语言"。美国建筑师罗伯特·文丘里（Robert Venturi）早在1966年出版的《建筑的复杂性与矛盾性》一书中，就提出建筑作品不应该是非此即彼的简单物体。同样，后现代主义认为，城市也是矛盾性和复杂的混合体，丰富甚至杂乱但却有活力的意义胜于简明的统一。为了体现城市这一综合体的复杂性，最简单的莫过于从浩瀚的历史之中寻求帮助。不幸的是，由于社会的向前发展使得历史对于普通民众来讲已经是个陌生的语汇，对于历史的借鉴注定要由精英阶层的人士来完成。但是，精英人士对于历史语言的提取和应用，不可避免地沦为一种生硬的驱逐和取代日常大众模式的运动，这一点常见于欧美众多的老城更新项目中。这样一种历史主义的贵族化倾向，有效地修正甚至颠覆了以平民为出发点的现代主义城市发展的航线。但不幸的是，这种精英文化给城市带来的却是另一个方向的同质化倾向。

（二） 波普的产生和意义

尽管历史主义是后现代思潮的一种主要表现形式，其要旨却在于人本精神的复兴。美国建筑评论家查尔斯·詹克斯（Charles Jencks）的《后现代主义建筑语言》指出，后现代建筑应采用"双重译码"——大众译码和现代译码，由于双重译码，这种建筑艺术既面向杰出人士也面向大街上的群众说话。

同样基于对局限于自我满足的精英文化的挑战，20世纪五六十年代在艺术界波普艺术（Pop Art）开始兴起。在美国，20世纪50年代占统治地位的是抽象表现主义，这一类的作品被看作是艺术家个人独特个性的展现，它是完全个人的、主观的和精神上的，它强调艺术的纯洁性，而成为一种精神贵族的艺术。但波普艺术却与之不同，波普艺术家常常采用拼贴或者批量复制的手法，看起来比较容易，它是通俗艺术，它的感染力和它的范围一样广阔，它接纳一切，接纳生活中一切普通的方面。

1956年，在伦敦白教堂画廊举行的展览"这就是明天"中，英国波普艺术先驱理查德·汉密尔顿（Richard Hamilton）展出了他的一幅拼贴画照片《究竟是什么使今日家庭如此不同，如此吸引人呢？》（图5），这幅题目冗长的拼贴画可以被看作是波普拼贴第一次亮相艺术界。这一作品表现了一个"现代"的室内，那里有许多语义双关的东西：波普这个词写在一个肌肉发达、正在做着健美动作的男人握着的棒棒糖形状的网球拍上，上面有三个很大的字母"POP"；沙发上还坐着一个裸体女子，房间内采用了大量的潮流物品来装潢：电视、卡带式录音机，连环画图书上的一个放大的封面等等。这件浓缩了现代消费者文化特征的作品格外引人注目，其最显著的特征就是将目光投向日趋发达的商业流行文化，用极为通俗化的方式直接表现物质生活。

波普艺术的重要性在于："他们趋向于大众文化或群众性的传播媒介，其目的不在讽刺挖苦，也没有任何对抗的意思。他们不是表现主义者，也不是20世纪30年代的社会现实主义者，对城市文明的丑

图5　《究竟是什么使今日家庭如此不同，如此吸引人呢?》理查
德·汉密尔顿，1956年，纸上拼贴，26cm×25cm，德国图宾根艺术馆藏

恶和不平发起进攻。简而言之，他们正在观察我们所生活的世界——
那伟大的城市；正在调查以某种强度与渗透性，包围着我们的那些物
体和形象，这种观察，经常使我们第一次意识到这些东西的存在。"[①]
对于这些已知的物体和形象，波普展现了一种无惧拥抱的勇气。如同
安迪·沃霍尔（Andy Warhol）那重复的玛丽莲·梦露的肖像（图6），
那性感的形象丝毫没有对一个艳星的嘲讽，而更多的是表现了现实社
会中流行文化的精彩和吸引力。

（三）波普倾向的新城市主义

从社会学的角度来看，20世纪60年代的波普运动虽然强调了大

---

① ［美］H. H. 阿纳森. 西方现代艺术史［M］. 邹德侬等译. 天津: 天津人民美术出版
社, 2007: 619。

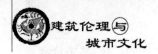
众的流行趣味,但是,其形式的怪异乖张从本质上来讲更多是表现了一个前卫艺术与所谓"庸俗文化"之间的对话,是大众社会中的小众文化。作为一种现实主义,貌似荒诞不经的波普运动暴露了充斥在现代生活中的矛盾和悖论,就这点而言,它和后现代主义有着类似的哲学根源和表现方式。但是后现代主义本身,按照众多后现代主义思想家自己承认的,是和现代主义一脉相承。后现代主义对这个世界依然是不满意的,只是乌托邦式的幻想和充满激情的批判,已不足以用来表达身处社会巨变中的那种深切的无奈。

图6 《玛丽莲·梦露》安迪·沃霍尔,1967年,版画,各90cm×90cm

但是,如前文所述,波普运动的特质在于其没有对抗性。它可以抛开对社会的满意或是不满意的态度,以一种入世的态度来展现和体验社会。在当今全球化趋势下,这种波普倾向迅速脱离20世纪60年代的小众圈子,不仅在文化层面逐渐成为大众主流,而且在城市层面正在形成一种推动城市发展的新的城市主义。

1. 大众性和多元化

城市作为聚集性场所,其大众性是不容回避的一个特质。这里的大众性不是简单地考虑大众需求的议题，而是指城市的发展已经离不开大众的参与，或者说大众已经在某种意义上取代了城市规划师或建筑师而成为城市发展的舵手。

现代城市空间中，除了人流、物流之外，信息流正在扮演一个越来越重要的角色。自从有了报纸这一信息载体以来，很长一段时间，信息流的传播是单向的，传媒的作用主要是为主流意识形态向民众灌输、宣传其理论和意识形态而服务的。但是在电视、互联网等大众传媒兴起后，传媒的控制者表面上变成了一些商业性的媒体经营者，而实际上，因为传媒企业的商业利益取决于媒体受众范围的大小，这样，大众对于传媒的选择就决定了它在某种程度上要通过方式和内容的选择来迎合大众的趣味，信息的传递变成了一个双向交流过程。大众对于信息流的无形控制力，使得再很难以灌输和控制的形式来引导他们的审美倾向。现代主义时期城市发展的单边主义，在当代社会已经不可能再现了。

作为一个集合概念，大众的方向是不明确的，但是它的奥妙正在于不同的阶层、群体、组织所形成的各个细分单元之千变万化，因此而形成的多元化，恰恰是大众性的魅力所在。多元化的城市满足不同人群对于城市体验的需要，拉近了人们和城市的距离，冲淡了精英阶层营造的城市高贵气质，使城市重新回到世俗的怀抱。

2. 偶发性和动态性

波普艺术的一个重要概念就是法国艺术家杜尚所说的"艺术可以是生活"。生活是没有规律可循的，是由连续的片段组合而成，是随机的、偶发的，没有人可以声称有能力控制或预知人们的生活。例如，20世纪50年代美国的前卫音乐家约翰·凯奇（John Milton Cage）认为，不存在此物比彼物更好这种事实，艺术也不应该和生活不同，而是生活中的一种行为。就此而言，作为生活发生的场所，城市也不应该和生活有什么不同。在生活的随机作用下，城市空间的发展不可能是预知的。那些偶发的非连续性、无秩序的碎片与片段，以相互碰撞、撕裂的激变方式改变着历史的走向，同时也以一种无形的姿态改造着

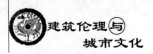
城市空间。美国"9·11事件"成了城市激变的一个最极端的情节，地标性的世贸中心的坍塌以一种意想不到的形式改变了纽约下曼哈顿区的地貌。

与偶发性相关联，波普倾向的当代城市也是动态发展的。就这一点，美国建筑理论家柯林·罗（Colin Rowe）在其《拼贴城市》一书中提出了一个很重要的概念——"bricolage"——一个没有确切中文对应的法语词汇。这是一个和精心策划而后行动的工程学（engineering）相对立的一个词，或者叫它"随创力"吧，"其规则是随性用手头所有的东西制作"。① 相对于科学家通过结构体系创造"事件"而言，"bricolage"通过偶发的"事件"来创造结构。鉴于事件的偶发性和不间断性，城市中充斥着偶发事件任意遗留下来的产物，不管愿意还是不愿意，这些东西存在于此而且还在不断产生着，所以城市结构的构建离不开对这些边角料的不间断的重新创造。

3. 拼贴的城市

1962年末，首次在纽约举行了一次"新现实主义者"的展览，第一次有组织的向公众展示了许多"贴纸"和照相蒙太奇的艺术作品，或是由各类达达派或超现实主义者重新装配的实物。策展人给展览的"装配"下的定义是："①它们主要是装配起来的，而不是画、描或者雕塑出来的；②它们的全部或部分组成要素，是预先形成的天然或人造材料、物体或碎片，而并不打算用艺术材料。"②

城市由于过于复杂的功能结构，充斥着各种不可调和的矛盾——富有和贫穷，高贵和世俗，商业和文化，传统和现代……波普倾向的城市不需要去尝试解决这些矛盾，相反的是它把这些矛盾包容到城市中去。文丘里在《向拉斯维加斯学习》一书中提出，以注重不同层次的文化趣味为基础来提高"通俗"、"丑陋"建筑的地位。如同当时波普的"装配"风格，城市需要做的是把这些"通俗"、"丑陋"的建

---

① Colin Rowe, Fred Koetter. *Collage City* [M]. MIT Press, 1983：102.

② ［美］H. H. 阿纳森. 西方现代艺术史 [M]. 邹德侬等译. 天津：天津人民美术出版社, 2007：599。

138

筑通过某种手段重新"装配"到城市脉络中，以形成自己独特的风格，典型的例子就是拉斯维加斯。

波普倾向的城市意象就如同波普艺术的拼贴画，它是时尚的、片段的、多元的、可以随意更换的。相对于乌托邦城市，波普的城市是包容性的，不拒绝任何内容、形式和语汇；相对于被历史主义包裹的贵族化城市中心，波普的城市又是不定型的，是随意变动的。

总之，大众的城市在每个人的眼中都不一样，但重要的是居住在这里的人可以真切地感受到它。城市可以不完美，但只要它不是独立于隔离的彼岸。或许这就是讨论当代城市波普倾向的意义所在吧。

不同处境的"漫游者"——简论城市公共空间的性别差异

秦红岭①

一

当代社会,绝大多数国家女性已经拥有进入和平等享用公共空间的自由和权利。男人与女人,在城市的街道、公园、公共建筑等开放性的空间舞台上,每天都共同"表演"着永远也演不完的生活戏剧,构成了一幅丰富而充满活力的城市公共生活场景。

公共空间中相遇的男人与女人,是一种日常生活中面对面的互动,这种互动发生在建筑物等有形区域界限的"前台",具有一种共同在场的社会特征,其含义就是英国社会学家安东尼·吉登斯(Anthony Giddens)所说的"以身体的空间性为基础,同时面向他人及经验中的自我"②。吉登斯有关"共同在场"观点,源于美国社会学家、符号互动论的代表人物欧文·戈夫曼(Erving Goffman)的形象互动和自我呈现理论。戈夫曼认为共同在场是以身体在感知和沟通方面的各种模态为基础的③。在此基础上,我们如同"表演"般对身体进行控制,向他人呈现自我及其活动方式。他们的观点对于我们正确认识城市公共空间的性别差异,颇有启示。

---

① 秦红岭,北京建筑大学文法学院教授,北京市级建筑伦理学学术创新团队带头人。
② [英] 安东尼·吉登斯.社会的构成 [M].李康,李猛译.北京:生活·读书·新知三联书店,1998:138。
③ 转引自:[英] 安东尼·吉登斯.社会的构成 [M].李康,李猛译.北京:生活·读书·新知三联书店,1998:142。原文引自:Erving Goffman. Behaviour in Public Place [M]. New York: Free Press, 1963: 17.

公共空间中的男性与女性，不可能对空间的体验完全一致，其原因除去男性与女性在观念、意识与思维方式等方面的差别外，更重要的因素是身体的差异，甚至这种身体的差异已与文化中的性别差异融为一体。身体本质上作为一种空间性存在，是理解空间的一种基本路径，人的身体与空间的关系，明显影响了人与人之间的互动方式，因而不从身体出发理解空间，就无法准确认识不同性别在空间中的不同处境。

法国社会评论家罗兰·巴特（Roland Barthes）认为：人与人的不同，我与你的不同，就是因为"我的身体与你的身体不同"①。人与人在身体体验与习惯上的种种不同，有时比我们想象的还要大，尤其是不同性别的身体，更是如此。公共空间总是与权力和差异密切相关。法国哲学家米歇尔·福柯（Michel Foucault）曾令人信服地阐释了人的身体存在于一个无所不在的权力之网中，现代社会实际上是对人的身体全面规训的社会，其中，空间规训是重要的一个方面。而在空间女权主义的文献里，观照和体验都市空间的核心方法，"是一种对身体重新燃起的浓厚兴趣，把它看成个人和政治空间的最隐秘点，一切其他空间的一个情感小宇宙"②。因此，讨论公共空间中的性别差异，只有首先从身体的空间体验出发，才能透过表面上无差异、均质性的物质空间形式，还原两性身体的差异性。

二

至少从古希腊开始，将女性禁锢于家庭之中，使其远离公共空间做法，便有身体特征方面的所谓"天然理由"。也就是说，空间性别不平等观念的合法化，从很早开始便是建立在对男女身体差异的认知基础之上。例如，古希腊的体热说认为，人类的身体有不同程度的热

---

① 转引自：汪民安. 身体、空间与后现代性［M］. 南京：江苏人民出版社，2006：3。
② ［美］Edward W. Soja. 第三空间——去往洛杉矶和其他真实和想象地方的旅程［M］. 陆扬等译. 上海：上海教育出版社，2005：143。

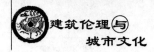
度，女性身体相比于男性而言是比较冷的。所以，美国社会学家理查德·桑内特（Richard Sennett）指出："希腊的人类身体概念暗示了不同的权利、都市空间的差异"，这就是"女性在城市中并不裸露，她们的活动空间局限在屋内，阴暗的内部要比日光下的开放空间更适合她们的体质"。① 直到文艺复兴时期，这种体热说影响下的对女性的空间隔离观念，仍旧根深蒂固。20 世纪以后，在性别问题上奉行"生理即命运"的生理决定论者，针对有关空间能力的研究中童年时期女孩就弱于男孩的现象，提出消除社会歧视也无法消除空间能力上的差异，因为其原因与女人、男人固有的生物差异有关。②

性别问题上生理决定论的局限与错误，已为大多数的女性主义理论所驳斥。从公共空间中的性别差异来看，应当从两个维度加以理解：其一是政治文化意义上的公共空间，本质上它并不是指一个拥有固定边界的实体空间，即一个公共建筑或者公共场所，而是一种言说空间，应强调其性别完全平等，恰如著名政治理论家汉娜·阿伦特（Hannah Arendt）的观点，公共空间的整体概念是一个天生就超越差异的概念，也就是说，当一个人进入公共空间时，摆脱了作为黑人、女人或穷人的特殊性，而进入了言说平等的社区;③ 其二是物质环境意义上的公共空间，它是城市中具有社会文化属性的物质性实体空间，是人们公共交往活动的开放性场所，应在强调空间自由与平等的前提下，正视男女两性的身体差异，即使空间能力（如空间中的方向感、对物体的感知程度）强弱有别，也与身体的优越与否及权力的大小无关。这是我们看待公共空间的性别差异时，应确立的一个基本价值取向。

为了更好地理解公共空间中的性别差异，有必要讨论起源于 18 世纪欧洲的一个描述特定人群的一个概念——"漫游者"（flâneur），或

① ［美］理查德·桑内特. 肉体与石头——西方文明中的身体与城市［M］. 黄煜文译. 上海：上海译文出版社，2011：7。

② ［美］Leslie Kanes Weisman. 设计的歧视："男造"环境的女性主义批判［M］. 王志弘，张淑玫，魏庆嘉译. 台北：巨流图书公司，1997：41。

③ ［美］理查德·森尼特. 公共领域反思［M］//汪民安，陈永国，马海良. 城市文化读本. 北京：北京大学出版社，2008：344。

译"闲逛者"、"游荡者"。从语源学上看，flâneur 源于北欧斯堪的纳维亚语，原指"东奔西跑"的意思，后被引入法文，主要指男性在街道上"无所事事的闲逛"。法国诗人波德莱尔（Charles Baudelaire）将"漫游者"描述为城市街道上绅士般的闲逛者。虽然他并没有正式使用 flâneur 这个词，也没有给"漫游者"下一个准确的定义，但他描述了这些人身上具有的典型符号特征：转瞬即逝的相遇，漫无目的的街头漫步，绅士气质。波德莱尔本人，便是一个将"孤独"与"众人"等同起来的"漫游者"，在城市空间中看似闲逛实际上却认真观察众人与城市。在《天鹅——给维克多·雨果》一诗中，他说：

> 当我穿过新建的崇武广场之时，
> 突然之间唤起我的丰富的回想。
> 旧巴黎已面目全非（城市的样子，
> 比人心变得更快！真是令人悲伤）。①

德国思想家瓦尔特·本雅明（Walter Benjamin）在对波德莱尔的研究中，第一个明确将"漫游者"作为一个重要的概念，以此解读现代性城市空间，特指那些因为现代性城市的兴起，而可以游荡在城市各个角落，观察、体验城市生活的人。② 卡伦·范·加森德沙文（Karen van Godsendthoven）则细致地描绘了"漫游者"的特征：

漫游者是漫无目标的闲逛者，他有着好奇的内心与审美的眼光，他是这些现象的混合体：侦探一样的观察力，衣着讲究、凝视着顾客们，喜欢看热闹。他有孤独的性格，回避严肃的政治、家庭和性别关系，只是热衷于城市生活的审美。他如同一本书一样地阅读城市，他以一种冷

---

① ［法］波德莱尔. 恶之花 巴黎的忧郁［M］. 钱春绮译. 北京：人民文学出版社，1991：200。
② 段祥贵. 本雅明"闲逛者"的孤独美学［J］长城，2011（4）。

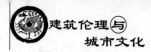

淡的、优越的方式，发现其他人所忽视的城市之美。①

19 世纪 20 ~ 50 年代的巴黎是"漫游者"的天堂。当时随着纺织品贸易的繁荣与钢铁材料在建筑中的运用，"拱廊"这一新兴的建筑形式和公共空间兴起（图 1）。拱廊两边是各种高档的商店，它的顶盖使用轻巧的钢铁支架，支撑着透光的玻璃，地面由大理石砌成，从一个入口到另一个入口，构成了一个华丽而舒适的半室内街道。拱廊街几乎成为了"漫游者"的"居所"，在这个可挡风遮雨的"居所"里，他流连忘返在人群当中，茫然凝视着一切。或者像本雅明所描述的那样："这些空间里的生存就像梦中的事件一样，流动而没有重点。游手好闲者是这种昏睡的节奏。1839 年，巴黎乌龟猖獗。你可以想象那高雅的人群

图 1　巴黎薇薇安拱廊街（Galerie Vivienne）

（来源：http://cherryblossomtime.com/2013/
05/28/galerie-viviennegalerie-colbert/）

模仿乌龟的速度，在拱廊而非大街上闲游。"② 虽然人们对"漫游者"的特征有不尽相同的描述，但有一点是明确的，即"漫游者"是与城市公共空间有着密切关系的文化符号，他们用身体感官体验着公共空间。

① Akkelies van Nes, Tra My Nguyen. *Gender Differences in the Urban Environment*: *The flâneur and flâneuse of the 21st Century* ［C］. Proceedings of the 7th International Space Syntax Symposium Edited by Daniel Koch, Lars Marcus and Jesper Steen, Stockholm: KTH, 2009.

② 本雅明. 拱廊计划［M］//汪民安，陈永国，马海良. 城市文化读本. 北京：北京大学出版社，2008：129。

三

从性别视角看，19世纪上半叶的"漫游者"显然是男性化的活动，与女性无涉。英国女性主义艺术史学者葛雷西达·波洛克（Griselda Pollock）说："游手好闲者/艺术家将人群的所在当作自己的家园。因而，艺术家被相似的现代资本主义社会的意识形态所整合——私人领域和公共空间的分离，而伴随这个过程的，是男性在公共领域中双倍的自由，以及一种旁观者视角的优越感，而对这一切的拥有和特权却从未在性别层次被质疑过。"① 女性的身份特征和传统的空间规训使女性不能成为"漫游者"，她们从未被视为公共空间的平等占有者，她们至多是"漫游者"观看的对象。那个时期对女性身份特质的世俗界定要么是家庭主妇——"家中的天使"，要么是非正当行业的女人。因而，女性若要如侦探般在街上闲逛与观察，十之八九会被误认为是妓女，甚至女性在街头的身体存在，已然成了划分淑女与妓女的疆域界线。至于街道上转瞬即逝的普通女性，则被视为女性过路人（passante）而已。女性学者珍妮特·沃尔夫（Janet Wolfe）认为：性别领域界限鲜明的都市空间，不可能有女性"漫游者"的出现，即便有，在她看来，由于街头的女性行人，尤其是女性消费者缺乏主体性，是全然被动而看不见的"漫游者"，因而几乎可以忽略不计。②

从1853年开始，巴黎地区行政长官奥斯曼（Baron Georges-Eugène Haussman）奉命实施的巴黎现代化，摧毁了自中世纪以来形成的老巴黎大部分弯曲的街道，修建了宽阔笔直的林荫大道（图2），这实际上也摧毁了"漫游者"的天地——适合"人看人"闲逛的街景。与此同时，随着城市工业化带来的经济繁荣，城市街道面向女性为主的百货

---

① ［英］葛雷西达·波洛克. 现代性和女性气质空间［M］//罗岗，顾铮. 视觉文化读本. 桂林：广西师范大学出版社，2003：347。

② Janet Wolff. *The Invisible Flâneuse：Women and the Literature of Modernity*［J］. Theory, Culture and Society，1985，2（3）：44.

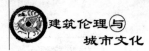
商场逐渐兴起，使城市商业景观发生了剧烈变化，"漫游女"或"女性漫游者"（flâneuse）涌现了。由此，"闲逛者这一预设了男性特质的形象，但经由百货公司及购物广场的兴起，更多地为女性主义学者用以表征女性参与现代性建构的过程"①。然而，需要强调的是，绝大多数的"漫游女"并非本雅明意义上的真正的"漫游者"，虽然她们也会在街道上游走，然而，充其量不过是经过街道从家里到百货商场购物而已，她们是消费型的逛街女性而并非以审美的眼光用身体观察和体验城市的"漫游者"。同时，她们虽身处公共空间，但往往无法摆脱男性的凝视，仍然是被凝视者的角色，而不是主动的凝视者。由此可见，"漫游女"与"漫游者"最大的区别体现在公共空间的使用方面，从而也影响了两性对城市空间的不同感知。

图2　法国印象派画家安托万·布兰查德（Antoine Blanchard）
的油画作品奥斯曼大道（Boulevard Haussmann）

　　公共空间中的漫游，无论对男性还是女性而言，都有独特的意义。法国新浪潮女将阿格涅斯·瓦尔达（Agnès Varda）的电影作品《5点到7点的克莱奥》（Cléo from 5 to 7，1962）中（图3），巴黎女歌手克

①　段祥贵. 从缺席到在场：本雅明笔下的女性闲逛者［J］. 东方丛刊，2010（2）：173-174。

莱奥忐忑不安地等待有可能来临的死亡诊断。假如生命只剩两个小时，她会如何利用仅剩的宝贵时间呢？克莱欧在恐惧、不安和焦虑的心理状态下，冲破自我保护的虚假小世界，从下午5点到7点的大多数时间都漫游在巴黎的街头、公园、咖啡馆，观察和遇见形形色色的人，与陌生人交谈，逐渐发现了一个更真实的自我和更真实的城市空间。电影总是有艺术想象和夸张的成分，然而，不可否认的是，现实生活中的男男女女永久地需要面对面的相遇。

图3　电影《5点到7点的克莱奥》(Cléo from 5 to 7, 1962)剧照

　　有别于过去公共空间呈现为男性主宰的场所，20世纪后，经由城市现代化及妇女解放的过程，大多数女性拥有了成为真正意义上"漫游者"的自由，拥有了与男性一样平等分享城市公共空间的自由。然而，除了以舒适安全的室内百货商场和购物中心为典型代表的适合女性单独逛游的城市公共空间外，女性未必情愿或者能够成为街头等室外开放空间的"漫游者"。主要的原因，除去均质化的建成环境所带来的程度不同的性别排斥外，套用罗兰·巴特的话来说就是：女人的身体与男人的身体不同。

四

从某种程度上说，女性在能否成为街头"漫游者"这个问题上陷入了一种"死循环"：如果女性顺从文化与习俗意义上的女性特质，那么，她们不应当无所顾忌地像男人一样享用公共空间，而应更喜欢呆在私密空间，并且比男人更注重自我在空间中的穿着、姿势、举止和形象，即戈夫曼强调的身体的"印象管理"；另一方面，如果她们能够从主观上超越文化意义上的性别界限，不遵守父权社会的传统性别规范，乐于、敢于像男人一样，在公共空间中无拘无束地自由行动，甚至或招摇或风骚以突显个性时，她们往往又会面临较大的危机，例如，自身形象的负面怀疑，可能性更高的身体伤害，自行担负危险后果等。

2012年6月，有关上海地铁公司提醒女性勿穿着暴露的微博所引发的争议，从一个侧面反映了这种冲突。2012年6月20日，上海地铁第二运营有限公司在其官方微博上发布了一张照片，一名身着黑色丝纱连衣裙女子的背面，由于面料薄透，致使旁人能轻易看到该女子的内衣。上海地铁二运公司官方微博对这张照片的评论是："乘坐地铁穿成这样，不被骚扰才怪，地铁狼较多，打不胜打，人狼大战，姑娘，请自重啊！"随后，这条看似提醒女性防止性骚扰的微博引发了空前的反响。6月24日，在上海地铁二号线南京西路站，有两位年轻女性头裹黑布，手持字板，上面分别写着"要清凉不要色狼"和"我可以骚，你不能扰"（图4）。据说这两位女子之所以作出如此举动，实则是以"行为艺术"的方式抗议上海地铁二号线官方微博的上述观点。与此同时，支持地铁官博呼吁女性夏日着装勿暴露的公众也不是少数。一个有16000多中国网民参加的网络调查显示，支持地铁官博呼吁的占56%；反对的占37%。与此次事件类似，2011年初，在加拿大一个名叫迈克尔·萨古蒂尼的警官在一所学校作安全讲座时，说了一句话："你们知道，我被警告不要说这些，但女性确实应该避免穿得像荡妇，以免受到伤害。"① 而正是这句话，导致了从加拿大蔓延到美国、英国、澳大利亚、韩国、印度等全球性的示威抗议，一些女性故意穿得像"荡妇"一样集体上街游行（Slut Walk），反对公共空间的性别歧视。总之，无论人们对类似事件的看法有何不同，它都折射出两性在公共空间中的身体差异与不同处境。

图4　上海地铁请女性勿穿着暴露的微博遭抗议

在公共空间中，女性往往表现出比男性更多的"身体焦虑"，这种焦虑主要体现在两个方面，即被凝视的焦虑和身体安全的焦虑。

所谓"被凝视的焦虑"，主要是指女性在公共空间的性别权力结构中总体上处于被凝视的地位，男性相比女性而言显然拥有更多观看、打量甚至挑逗异性的强势自由，也就是说，在公共空间"看"与"被看"的格局中，男性与女性的权利是失衡或不平等的，正如约翰·柏

① 克佐．"骚"权不应被妖魔化［M］．南方周末，2012-8-30（F30）。

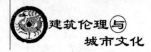

格（John Berger）所说："男人行动，而女人现身。男人观看女人，女人则看着被人观看的自己。"① 这种失衡，尤其是男性令女人感到不适的"凝视"，有可能降低女性在人群中的匿名性，使女性不由自主地不安与焦虑。同时，在公共空间中，男性的凝视还可能带有性别物化（Sexual Objectification）的意味，加之现代公共空间中无孔不入的广告媒介，尤其是各种"美女图像"（pin-ups），往往以男性的欲望和审美为标准来消费女性的身体与特质，甚至不知不觉中传播和强化社会对性别的刻板印象，由此创造出的视觉秩序仍然是使女性身体物化。这种性别物化，一方面，损害了女性的主体意识，强化了女性作为"他者"的观念；② 另一方面，则一定程度上促使女性困于这种男性支配的符号象征秩序中，产生身体塑造方面的焦虑。

身体安全的焦虑，则主要是指女性身体对公共空间安全性的敏感与暴力犯罪的害怕，这种焦虑极大地改变了女性栖居公共空间的方式。同样的公园和街道，夜幕一旦降临，对女性而言便有可能成为充满危险和威胁之地，因而会主动避免单独逗留，尤其是一些容易发生袭击、抢劫、性骚扰、强奸犯罪的特定公共空间。如封闭而僻静的小街小巷、地下通道、地下停车场，已成为威胁女性安全的突出问题。

还有研究表明，广场恐惧症（Agoraphobia）在女性身上的发病率是男性的 2 倍。③ 享有世界声誉的女性艺术家路易丝·布尔乔亚（Louise Bourgeois）便有着严重的广场恐惧症。有关她的一个小故事也说明了布尔乔亚不喜欢将自己暴露于公共空间之中。据说 1993 年英国 BBC 国家电视广播公司要为 82 岁的布尔乔亚拍摄艺术家生活纪录片，刚一

---

① ［美］Leslie Kanes Weisman. 设计的歧视："男造"环境的女性主义批判 [M]. 王志弘，张淑玫，魏庆嘉译. 台北：巨流图书公司，1997：98。

② 法国思想家西蒙娜·德·波伏娃（Simone de Beauvoir）在《第二性》中提出，传统的观念认为男人是主体，是绝对，女人是他者。这个"他者"主要是指女性是作为男人的"欲望对象"或"认识自身的镜子"而被规定的。

③ W. J. Magee, W. W. Eaton, H. U. Wittchen, K. A. McGonagle, & R. C. Kessler. *Agoraphobia, simpie phobia, and social phobia in the National Comorbidity Survey* [J]. Archives of General Psychiatry, 1996（53）：159-168.

开镜，她就拿起一只花瓶往地上一砸，然后举起一个写着"不准入内"的牌子，以示抗议。因害怕开放人多的空间，布尔乔亚时常退入自己的房间以寻求自我保护，然而她又说过："家窝（lair）的安全却变成了一种陷阱。"① 于是，我们在她于 1946～1947 年所绘制的《女/屋》（Femme Maison）作品中发现，画面上的女性裸体，头部被建筑房屋所替代，她试图用建筑来象征限制个人的社会空间，从而与内心的情感世界相对照，同时也象征女性在家庭与性别角色之间的冲突，形象反映了女性的身体与建筑空间之间的紧张焦虑关系（图 5）。

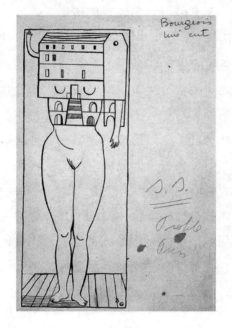

图 5　路易丝·布尔乔亚（Louise Bourgeois）的两幅《女/屋》
（Femme Maison）图。左边的纸画作于 1947 年，右边的作品
绘于亚麻布上，作于 1946～1947 年

（来源：http://arttattler.com/archivebourgeois.html）

由此可见，广场和街道对女性而言是一个矛盾的公共空间。在一

① Philip Larratt-Smith. *Louise Bourgeois, the Theory, and Practice of Psychoanalysis* [EB/OL].
http://arttattler.com/archivebourgeois.html.

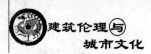

些令女人感到不安或对女性使用者不友善的公共空间中，女性往往要采取一些自我保护性措施，时刻保持警觉，并将男性看成潜在的威胁者，"将男性身体性犯罪化，视男性为潜在的性犯罪者反映出公共空间中的性别权利不平等与性别压迫，女性很清楚地感受到自己在公共空间的弱势，也无力应对此种弱势处境"①。可见，即便社会赋予女性以平等的空间支配权，在现代公共空间的复杂环境中，女性也无法获得与男性一样的空间自由，至少出于安全的考虑，女性会主动放弃和缩减自己在公共空间中的活动。

总之，从一定意义上说，人类城市空间的发展历史，除了实体空间的巨大变迁之外，它还是由男女两性的不同性别体验所谱写的身体与城市空间关系的历史，"空间的建造就是一个人类身体与建筑材料和空间的互动，一个人与人之间关系的互动"②。从古代到现代，在城市里，女性与男性因其对空间的占有方式不同，有着不尽相同的空间感知和空间体验。虽然现代社会城市空间的性别界限和性别区隔越来越小，空间越来越趋于平等，但长久以来形成的空间性别格局是不容易彻底打破的，空间中隐性的男权文化和性别歧视，仍然顽固地存在。因此，如何在承认两性空间体验身体差异性的基础上，改变空间建构的男性思维或中性思维，加强城市空间规划的性别敏感意识，创造一种关怀女性需求，有利于两性平等共享空间的环境条件，将是促进城市发展进程中两性平衡发展的重要途径。

① 杨明磊. 都会年轻女性对公共空间中男性身体的诠释 [J]. 河南社会科学, 2005 (11): 29。

② 汪原. 女性主义之于建筑学的意义 [J]. 华中科技大学学报（社会科学版）, 2010 (4): 118。

先王之制——以"周公营洛"为例漫谈先秦城市规划思想

余　霄①

引　言

以城市规划为视角切入先秦材料当然是某种"现代性入侵"。但在中国早期的现代化进程中，清初诸儒因对姚江末流的反动已有推重汉学"通经致用"之说，及至清末世变日亟对此更有"即涉傅会，亦可无讥"的看法。② 因而，若将本文置于学术试验的背景下，题目看上去就没那么可疑了。即便如此，本文却不欲作某种"城规的归城规"式的整理工作，而选择紧随现代认识论的自我反思——诚如美国著名文化人类学家吉尔兹（Clifford Geertz）在其阐释人类学的名著《地方性知识》中所提倡的方法与例证，本文愿意再次引用维特根斯坦（Ludwig Wittgenstein）的观点"一个模糊物体的真实画像只能是模糊的而不可能是清晰的"，表达对先秦城市规划思想的基本态度。③ 因而，本文相信倘若先秦时期"真实"存在某种城市规划的思想，跨越专业壁垒的漫谈方式或许不是离"真实"较近的，却是保存"真实"自身丰富性较多的。本文从对先秦城市规划思想的识微出发，吁请一种处理古典材料的浑融方法，黄侃有言："中国学问无论六艺九流，有三条件：一曰言实不言名；一曰言有不言无；一曰言生不言死。故

---

① 余霄，中国艺术研究院研究生。
② 皮锡瑞. 师伏堂日记戊戌年八月初七日［M］. 北京：国家图书馆出版社，2009：136。
③ ［美］吉尔兹. 地方性知识：事实与法律的比较透视［M］//梁治平编. 法律的文化解释（修订本）. 北京：生活·读书·新知三联书店，1994：126。

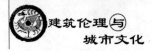

各家皆务为治，而无空言之学。"① 如是方能与古人冥然若合。

一、前篇

（一）思想史的视角

在众人较熟知的《左传·隐公元年》"郑伯克段于鄢"中，祭仲谏言郑庄公讨伐共叔段的一个重要理由即是："都城过百雉，国之害也。先王之制：大都不过参国之一；中五之一；小九之一。今京不度，非制也，君将不堪"②。洪亮吉援引《逸周书·作雒》中"大县立城，方王城三之一；小县立城，方王城九之一"。合祭仲之言，以为实属先王之制。③ 后来，《公羊传·定公十二年》记载孔子"堕三都"的理由即是"邑无百雉之城"④，这与《礼记·坊记》"都城不过百雉"⑤的记载相符合，疑为王肃伪作的《孔子家语·相鲁》涉及这段材料时特别强调"邑无百雉之城，古之制也。今三家过制，请皆损之"⑥。因立城不合先王之制（古之制）则或伐或堕，可知先王之制在先秦巨大的影响力覆盖了包括城市规划在内的社会生活各个方面。

那么何谓先王之制？隐公元年（即公元前722年）为东周早期，而郑国又为姬姓封国，可知祭仲与郑庄公讨论的先王之制必属周制。由于"周监于二代"⑦，先王之制便可转化为三代之制。须知就考古材料而言，"三代之制"在具体的遗址布局和文化内涵上固然互有损益，

---

① 黄侃．黄先生语录 [M] //张晖编．量守庐学记续编．北京：生活·读书·新知三联书店，2006：7。

② 《左传·隐公元年》，四库本。

③ 洪亮吉．春秋左传诂 [M]．北京：中华书局，2004：185。

④ "曷为帅师堕费郈？帅师堕费？孔子行乎季孙，三月不违，曰：'家不藏甲，邑无百雉之城'，于是帅师堕郈，帅师堕费。雉者何？五版而堵，五堵而雉，百雉而城。"

⑤ 子云："贫而好乐，富而好礼，众而以宁者，天下其几矣。诗云：'民之贪乱，宁为荼毒。'故制国不过千乘，都城不过百雉，家富不过百乘。以此坊民，诸侯犹有畔者。"

⑥ "孔子言于定公曰：'家不藏甲，邑无百雉之城，古之制也。今三家过制，请皆损之。'"

⑦ "周监于二代，郁郁乎文哉！吾从周。"载《论语·八佾》。

张光直的《夏商周三代都制与三代文化异同》① 中有详细分析，但本文希望探求的是具有"恒常"特质的"先王之制"，这种"恒常"并非纯粹是由经学所建构的"后见之明"，而是对先秦生活世界某些原则的再现。或许这些原则总括起来演化为我国古代理想政制的典范而为后世效法，有所谓"道不过三代，法不贰后王"。② 显然，这里讨论的城市规划的理想典范是理解此先王之制的一个绝佳切入点。谈先王之制，绕不开的人物有两位，即周公与孔子。在汉以来近2000年的经学史中，何者见诸文字的主张才是先王之制成为了今古文之争的核心内容。按政治哲学的表述，大体上古文经学以周公为"制礼作乐"的立法者，孔子为"述而不作"的阐释者；今文经学则以孔子同样为"删定六经"的立法者，尊之为"素王"。作一个勉强的比喻，在具体的社会实践层面，周孔之争好似立法权与法律解释权之间的复杂关系。这种差异具体延伸到本文讨论的城市规划领域，则涉及两份文献之间的冲突。按皮锡瑞《经学通论》的说法，即"《王制》为今文大宗，《周礼》为古文大宗，两相对峙"。

有趣的是，简要回顾晚近谈及中国古代城市规划的文献，大都不加考辨地使用《周礼》和《王制》的材料，忽视了经学史自身的兴衰起伏。有感于此，本文有必要再花一点篇幅作简要梳理。

尽管通行的郑注称"周公居摄而作六典之礼，谓之《周礼》"，《四库提要》却称《周礼》"于诸经之中其出最晚，其真伪亦纷如聚讼，不可缕举"，盖因现存先秦文献中并无是书记载，来源颇为蹊跷。直到《汉书·景十三王传》才提及《周礼》由河间献王从"四方道术之人"处征得，"既出于山岩屋壁，复入于秘府，五家之儒，莫得见焉"，尔后刘歆校秘府藏书，在王莽篡政之时奏立《周礼》于学官，更使其难脱何休"六国阴谋之书"罪名的指控。较之汉儒，宋儒持论平允，张载以为"《周礼》是的当之书，然其间必有末世增入者"。朱

---

①　张光直. 中国青铜时代［M］北京：生活·读书·新知三联书店，2013。
②　《荀子·王制》，四库本。"法先王"与"法后王"的讨论非本文切要问题，暂不涉及。

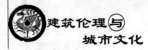

熹并称"《周礼》《王制》是制度之书"亦未细加分别。① 清末诸儒则抓住两书的差异大做文章，与汉儒贬损《周礼》不同之处在于，他们的策略是抬高《王制》的地位。例如，廖平那段著名的"予谓从周为孔子少壮之学，因革为孔子晚年之意者，此也。……《王制》改周制，皆以救文胜之弊，因其偏胜，知其救药也。年岁不同，议论遂异。春秋时诸君子皆欲改周文以相救，孔子《王制》即用此意，为今学之本旨。"② 由此，促成了康有为的奇书《孔子改制考》。事实上托古改制并不新鲜，无非此前大多所托《周礼》，孙诒让《周礼正义序》历数了"刘歆、苏绰托之以左王氏、宇文氏之篡，而卒以蹈其袄。李林甫托之以修《六典》而唐乱，王安石托之以行新法而宋亦乱"。晚清时局动荡，改制呼声日高，既然再托《周礼》已不现实，经学家的目光自然转向了《王制》，遂使此篇从《礼记》中拈出成为当世之显学。在那个慌乱的世纪之交，改制的结果让经学与其所依附的政制进入了"博物馆"，今古文之争也终于息讼。必须承认，当作为展品平等地在"博物馆"中陈列时，先秦文献（也包括其他图像材料）确实能够得到较为充分的利用。

（二）《考工记》析疑

应当注意的是，经学进入"博物馆"同样为当代学人接近先秦材料造成了认识论上的障碍，也即忽视了不同文献在社会思想中影响力的强弱，简单地将所有材料上出现过的图像与文字理解为在现实生活中均得以施行。而这种倾向在城市规划研究领域恐或较为突出，再加之未对其所依赖的材料进行反思，使得同类研究的先秦部分在琐碎与空疏之间摆动。相关反思本文将在后面有更详细的讨论，此处仅概要性地指出接近先秦材料存在的另外三个可能的障碍：其一，发现和保存的先秦材料永远比湮灭和隐藏的材料少，历史上偶见的现象有可能

---

① 黎靖德编. 朱子语类 [M] 北京：中华书局，1999。
② 廖平. 今古学考·下卷 [M]. 上海：上海国学扶轮社，1911。

通过这种不自觉的"筛选"形成我们对先秦的"想象";其二与其三，早在去古未远的汉代，对先秦材料的解读已因秦汉兵燹而出现了障碍，当时出现的《尔雅》即可看作是对经生口传古义的记录，同时董仲舒所谓"《诗》无达诂，《易》无达占，《春秋》无达辞"① 也表明了对先秦材料理解的双重障碍（借时髦的说法即语言层面与心灵层面的双重障碍），更何况今时今日？

举例而言，晚近有关中国古代城市规划研究中使用最多的材料恰恰是经学系统中身份存疑的《周礼·冬官考工记》，之所以形成这种现象，一方面由于该书中城市规划及相关工程的思想资源较为集中有引用上的便利，另一方面则是由于上文提请读者注意的原因。且不论《周礼》在中国古代即存在来源的合法性危机，又存在施行的有效性危机，单就《考工记》一篇而言，古人已明言"亡其《冬官》一篇，以《考工记》足之"，② 可知其取得的身份是十分侥幸的。无怪乎历来质疑声不止，郑樵的《通志》引孙处之言以为"建都之制不与《召诰》《洛诰》合"，宋儒有《冬官》未亡，杂入五官之说，反过来证明了《考工记》与《周礼》毫无关系。江永以为"《冬官》掌事，而事不止工事，考工是工人之号，而工人非官，注谓以事名官，以氏名官，非也"③。近代疑古思潮以来，梁启超、郭沫若的专文更有将《考工记》从《周礼》中分离出来的倾向，以至于晚近张道一的《考工记注译·绪言》再提"《考工记》与《周礼》是性质不同的两部书……将《考工记》从《周礼》中独立出来，还它本来的面貌，也就是由儒家的经典改定为科技与设计的经典"④。

那么《考工记》是什么样的书呢？江永认为："《考工记》，东周后齐人所作也。其言'秦无庐''郑之刀'，厉王封其子友，始有郑；东迁后，以西周故地与秦，始有秦，故知为东周时书。其言"橘逾淮

---

① 董仲舒. 春秋繁露·精华［M］. 北京：中华书局，1992。
② 马融.《周官传》，转引自：贾公彦. 序周礼废兴［M］. 台北艺文印书馆，1963。
③ 江永：《周礼疑义举要》，四库本。
④ 张道一. 考工记译注［M］. 西安：陕西人民美术出版社，2004：3-18。

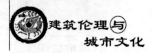
而北为枳，鸜鹆不逾济，貉逾汶则死，皆齐鲁间水，而'终古''戚速''椑''茭'之类，郑注皆以为齐人语，故知齐人所作也。盖齐鲁间精物理、善工事而工文辞者为之。"① 考证不可谓不详，为晚近疑古诸家所信服。但其中透露出来的信息恰恰提示了《考工记》成书时间为先秦晚期，又加之地域性与修辞性的特征，今人在论及《考工记》时，就不应再粗枝大叶地将之追封为先秦时期城市规划的典范，而应认识到那只是此典范一个晚期的、地方的、个体的版本。

当然，质疑《考工记》的经学地位不能抹杀它作为历史材料的珍贵性，恰恰是在汉以后，《考工记》短短数语的营国思想逐步积淀到中国历代城市规划实践当中，譬如元大都的规划就大致符合"旁三门"、"国中九经九纬"和"左祖右社"等要求。今人治史有大传统、小传统之说，可知至少在"匠人"的传统里，《考工记》的地位不可撼动，这也是为何晚近张道一注译《考工记》时反复致意"百工"与"造物"。本文赞同《考工记》及其后"匠人"传统里——文献例如《营造法式》《园冶》《工程做法》以及图样界画，乃至现存的与考古发掘的古代城市与建筑遗址等大量材料——保存了中国文化独特的设计与规划特征。然而在逻辑经验主义的论证框架里，这些材料无法直接倒推先秦的设计与规划特征，否则就犯了后叙史学常有的毛病，即法国启蒙思想家伏尔泰所谓的任意妄为地"捉弄死者"（Play Tricks on the Death）。至于先秦材料，本文也绝非否定类似《王制》《明堂位》或者《典命》《量人》诸篇中存有先秦城市规划思想的内容，而是提倡整理古代材料时应有的反思态度。这已经不局限在城市规划领域，而推广到整个先秦生活世界的研究中了。

（三）认识论的飞跃

本文关心的毕竟是先秦城市规划思想的典范——先王之制，但如前所述，通过《周礼》（包括《考工记》）与《王制》文本去考察推

---

① 张道一. 考工记译注［M］. 西安：陕西人民美术出版社，2004：3-18。

究先王之制，并不可靠，因为这涉及了"解经"作为专门技艺的复杂性，以及今人与古人生活世界的距离带来认识上的陌生感，因为即便艺术的审美直觉也难以拉近古今心灵的距离。前篇已经提到接近先秦材料的可能的四种障碍，即文本材料的辨识，语言符号的解读，心灵结构的再现与社会情景的还原。更早开始应对现代化进程的西方人文传统对此障碍已有相当的思考，阐释学（Hermeneutics）即是此思考的一项重要成果。由于阐释学发展的曲折性与内容的丰富性无法在本文的篇幅内穷尽，本文勉力发扬一点"拿来主义"精神，择关系切近者评述一二。

由德国神学家、哲学家施莱艾尔马赫（Friedrich Schleiermacher）发其端绪的现代阐释学与圣奥古斯丁（Aurelius Augustinus）的释经学（Biblical hermeneutics）渊源相承，却又提升为一种普遍的人文社会科学研究方法，将研究对象拓展到神学之外。施莱艾尔马赫的重要贡献在于重视文本语法的理解，同时还强调了对作者心理的理解（Psychological Understanding），即对作者处境的心理再现。德国哲学家狄尔泰（Wilhelm Dilthey）进一步脱离了文本的束缚，将阐释的方法应用到文化与社会的研究当中，从而有了韦伯（Max Webber）大量关于历史社会极具启发性的研究。倘若继续介绍晚近阐释学各类突破畛域的尝试，就超出了本文论述的范围，本文希望从阐释学中断章取义把握住的单单是一个"心"字。此"心"因同时包含主观性与客观性两个方面的内容，而成了一把认识的双刃剑：对古代文献的理解性阐释与阐释性理解会带来截然不同的效果。

回到先王之制的问题上，就现有条件，本文提请读者批评的个人主义研究思路分为两个老生常谈的层次：其一，即文献学与考古学的方法——传世文献的穷举，真伪异同的辨析，地下材料的参证，名物形制的考订……这是传统学问最普遍的做法，需要的是学者沉潜细致的基本功，讲究有一分证据说一分话。对证据极度的依赖是其优点，亦是弊端，须知先秦材料总体上遗失的多，留存的少，目前可供研究的材料相对于先秦完整的生活世界往往挂一漏万。在没有新技术与新

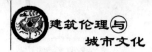
材料的情况下，此一方法只能走向琐碎。其二，即历史学与阐释学的方法——通过孤立、静止、片面的材料完成联系、运动、全面的研究，需要的是学者高明独断的识力，对逻辑推理能力的挑战并不低于前者，并与前者互为补充，但此一方法极易走向空疏。

本文以为，后者涉及了认识论上的两次飞跃：从学者个人掌握的材料中，以带有个人关注的"问题意识"为标准筛选材料，从而梳理出一条或几条历史逻辑线索，并立足于此获得开放的历史经验，完成社会史图景的再现，是为第一次飞跃；而学者根据个人智性与德性的品质，以人类心灵结构在演化过程中的相似性为基础，在特定时空坐标上与古人建立"了解之同情"，形成与历史"真实"不同程度相似性的"视域融合"（Fusion of Horizons），是为第二次飞跃。两次飞跃都有学者的主观因素直接参与加工，这种精加工即英国哲学家科林伍德（Robin George Collingwood）所谓受到三项严格限制的"先验想象"（A Priori Imagination）。

二、后篇

（一）作为历史事件的"周公营洛"

本文接下来将对前篇讨论的方法作一点尝试。由于是尝试之作，为了省却麻烦，此处讨论作为城市规划典范的先王之制并不打算追溯到郑州西山遗址或者澧县城头山遗址，而限定为洛邑，即周公之制。本文希望通过"周公营洛"这一历史事件使地下材料与纸上材料产生关联。按照儒家道统的观念，周公承上启下，是无争议的圣人，且相对而言，关于周公的材料不至太少而染上神鬼之谈，不至太多而羼入托伪之说。[①] 讨论周公之制首先需要引入一把"参照尺"——西周积

---

① 韩愈：《原道》。"由周公而上，上而为君，故其事行；由周公而下，下而为臣，故其说长。"

年与各王断代历来莫衷一是，唯独周公摄政七年歧见不大，① 根据伏生《大传》的说法"周公摄政，一年救乱，二年克殷，三年践奄，四年建侯卫，五年营成周，六年制礼乐，七年致政成王"，本文即大致以此为准。

按照历史事件发生的顺序，洛邑首见于《逸周书·度邑》武王的托命与规划，理由很清楚："我图夷，兹殷，其惟依天，其有宪命，求兹无远。天有求绎，相我不难。"地点也很清楚："自洛汭延于伊汭，居易无固，其有夏之居。我南望过于三涂，我北望过于岳鄙，顾瞻过于有河，宛瞻于伊洛，无远天室。其名兹曰度邑。"② 由此可知，商周革命之后，周自镐京以东的统治面积扩张，武王选址洛邑即意在从空间秩序、政治秩序和心理秩序上巩固周的统治并解决东境殷遗民的问题。《史记·周本纪》载周公"此天下之中，四方入贡道里均"之说可为佐证。1965 年出土于宝鸡贾村的何尊铭文："唯武王既克大邑商，则廷告于天，曰：余其宅兹中国，自之乂民"，也表达了相近的意思。

事实上，正因为周初东疆扩张，王命难达，政令难行，为"三监"与殷遗民的叛乱提供了条件，于是有了周公摄政之初长达三年的东征。关于东征可参看白川静《金文通释》与陈梦家《西周铜器断代》中的大量资料，经学文献《周书·大诰》即作于东征之初，而《豳风·破斧》与《豳风·东山》则被认为作于东征途中与凯旋之时。③ 东征的结果一方面诛武庚、辟管叔、囚蔡叔、降霍叔；另一方面封伯禽于鲁、封丁公于齐、封康叔于卫，封微子启于宋，封唐叔于夏墟，封蔡仲于蔡。就封地分布来看，洛邑选址的战略意义十分明显，因姬姓封国的东移与洛邑形成掎角之势，殷遗民的封地被包围了起来，即所谓"封建亲戚，以蕃屏周"。④ 但周公十分清楚，武力与监视并不能使殷遗民的问题得到根本解决。《逸周书·作雒》简要回顾周初内

① 许倬云.西周史（增补版）[M].北京：生活·读书·新知三联书店，2012：7。
② 考证参见：王晖.周武王东都选址考辨[J].中国史研究，1998（1）。
③ 《周书·君奭》《周书·金滕》《豳风·鸱鸮》大致作于东征前后，待考。
④ 《左传·僖公二十四年》，四库本。

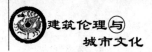

乱之后，再次阐明了周公营洛的理由："周公敬念于后，曰：'予畏周室克追，俾中天下。'及将致政，乃作大邑成周于土中。"由此可知，"周室克追"即周统治的延续性才是周公思考的主题，这个主题与选址洛邑一样，从武王而来。《逸周书·度邑》开篇记载武王在克殷之后依旧焦虑"天保"的问题以致"不寝"，即担忧天命既然能从商转移到周，又如何保证不从周转移呢？武王认为眼下紧要的问题是"治我共恶，俾从殷王纣，四方亦胥来定我于西土"而解决方法是"我维显服，及德之方明"。尽管不排除在后世编纂过程中篡入某些政治思想的可能，但此篇大体上是"可信为周初文字者"①。因此，在没有确凿证据显示这篇文字是伪作之前，本文更愿意从"周虽旧邦，其命维新"②的角度来把握周初统治者的决策行为。从而，武王与周公有此考虑才是古今一理，合乎人性的。

大约是周公摄政第四年，即封康叔于卫之时，《周书·康诰》记载："周公初基，作新大邑于东国洛，四方民大和会。"《大传》对此有一段解释极为关键，摘录如下：

> 周公将作礼乐，优游之三年不能作。君子耻其言而不见其从，耻其行而不见其随，将大作，恐天下莫我知，将小作，恐不能扬父祖功业德泽。然后营洛以观天下之心，于是四方诸侯率其群党，各攻位于其庭。周公曰："示之以力役，且犹至，况导之以礼乐乎？"然后敢作礼乐。

在这里，"五年营成周"与"六年制礼乐"之间建立了密切联系。推究周公之心，内乱甫定，谣言方休，周公何以观天下之心？可以猜想，周公的策略是，以营洛这一浩大的公共工程来考察四方诸侯的忠心，并通过共建来确立新政权从天意到民意的合法性。《周书·召诰》中说："周公乃朝用书，命庶殷侯、甸、男邦伯。厥既命殷庶，庶殷

---

① 郭沫若.郭沫若全集·历史编第1册［M］.北京：人民出版社，1982：298。
② 《大雅·文王》。

丕作。"即记载了营洛工程中殷遗民贵族与平民的分工，此即谓"示之以力役"①。郑玄注"此时未作新邑"训"基"为"谋"以为"岐、镐之域，处五岳之外，周公为其于政不均，故东行于洛邑，合诸侯，谋作天子之居"。可谓眼光独到，惜其后"四方民闻之，同心来会，乐即功作，效其力焉。是时周公居摄四年也，隆平已至"浮于表面，未能揭此深义：即封卫之分权与营洛之力役是武力之征伐与礼乐之教化间重要的过渡环节。

《史记·鲁世家》记载："成王七年……其三月，周公往营成周雒邑，卜居焉，曰吉，遂国之。"这里与《大传》相左。皮锡瑞折中郑玄、王鸣盛、孙星衍之说，认为："营洛大事，非一时所能办。《大传》言其始，《史记》要其终，两说可互相明，本无违异。"② 推之《史记·五帝本纪》"二年成邑"似可见先王之制不限于周公之制，而上承古之制？无论如何，待洛邑建成，周公便以此为中心施行礼乐教化。致政成王之前，周公作《周书·洛诰》告知以居洛之意，其中有两句话值得注意：一则"王肇称殷礼，祀于新邑，咸秩无文"，记载了周公此时虽已制礼乐，却让成王在洛邑采用殷礼，（安抚殷遗民）保证秩序不紊乱；一则"万年厌于乃德，殷乃引考。王伻殷乃承叙万年，其永观朕子怀德"，记载了周公寄望殷遗民子孙归德于周的思想。《周书·多士》则是对迁入洛邑的殷遗民的诰命，对商周间天命转移作了精彩论说，也可以看作周公致政成王之前教化殷遗民的手段。照应劭注《汉书·诸侯王表》"周过其历"③ 的说法，周之所以国祚隆永在名义上存在了 800 年左右，先王之制的作用是巨大的。

（二）关于"先王之制"的几点猜想

需要补充的是，前文的分析主要围绕《周书》展开，由于多属政

---

① "力役"古训有"征伐"与"劳役"两说，根据历史情境推断，本文从后者。
② 皮锡瑞：《今文尚书考证》，北京：中华书局，2004：334。
③ "武王克商，卜世三十，卜年七百，今乃三十六世，八百六十七岁，此谓过其历者也。"

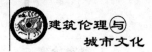

令，缺乏对规划设计细节的记载。但从周公营洛的前后经过中不难发现先王之制作为城市规划思想的几个倾向：

第一，先王之制是治理延续性的维持，也是治理合法性的宣示。

先民社会在部落组合的过程中往往涉及图腾与族徽的组合，而由周室规划设计、诸侯共同建设的洛邑必然在形制上体现这一思想倾向，唯此才能形成以洛邑为政治中心的周室统治。前文提及成书较晚的《考工记·匠人营国》中分别记载"夏后氏世室"，"殷人重屋"，"周人明堂"或可视作此思想的例证，否则何以解释一部掌事之书会牺牲实用性去记载用不上的形制？虽然经反复考证《秦风·权舆》"夏屋渠渠"恐为"厦"之假借，而非《通典》引《韩诗传》所说的"周夏屋而商门"，但周人追认为夏人之后的记载并不罕见，譬如《周颂·时迈》"我求懿德，肆于时夏，允王保之"以及《周颂·思文》"无此疆尔界，陈常于时夏"，傅斯年据此还有影响深远的"夷夏东西说"。照傅氏理论略作申说，大抵周承夏制（即西方集团各部落的形制）具有道统意义上的延续；周承商制（即东方集团各部落的形制）具有治统意义上的延续。如是，治理的合法性在东西方集团共建洛邑的过程中得以强化，并通过《周书》中的各种诰命在心理上维持了周人统治的延续性。

第二，先王之制是回应天命转移的一种思想，也是处理人事代谢的一种策略。

即便有上前述心理上与思想上的准备，但还需要在具体的制度安排上体现为一种策略。因为洛邑的统治主体虽是周人，但营造主体与居住主体则是以四方之民，尤其是殷遗民为主。从洛阳东郊周代遗址中发掘的殷遗民墓中即有殷礼的孑遗，《左传》记载至春秋时期鲁国仍保存着极为"野蛮"的殷礼亳社，那么不难想象洛邑相应的城市规划必然划定遵循不同礼制与习俗的空间布局，这与前述周公让成王采用殷礼祭祀是两个层次的问题。譬如《汉书·地理志》记载洛邑分为平王居之的王城与周公迁殷民的成周两处，一在西，一在东，但目前的考古发现还不足以支持西周时期已有此建制。杨宽《中国古代都城制度史》对"成周是东都的总称，王城是成周的小城，而另有大郭……周公制定的东都成周布局，即以西面的小城和东面的大郭相结合方式"的发挥有一定道理，但认为此建制影响了春秋战国时代各诸侯国都城与秦咸阳、汉长安的城市规划则是纯粹就地下材料的推测，①而没能指出这是多民族杂居应有的特点。就近参考清代北京内城与外城的规划设计，洛邑有此形制也并不奇怪。

第三，先王之制有其文治的一面，也有其武功的一面。

除了对礼仪功能的强调而规划出相关空间外，洛邑的营造始终有着对政权稳定的紧张感，这就必然保留寻求武力解决的安慰。尽管大量的研究证明了夏商西周三代王都"城垣的筑建并不是一种普遍的现象，后世严格的城郭制度在这一时期尚未最后形成"，②但这只是基于现有地下材料的推测，而在批判理性主义的证伪原则里显然不可以将洛邑作为特例假设，反而使得《逸周书·作雒》的记载可能是证明周公损益二代之法订立先王之制的关键证据。再者，武力绝不单是防守性力量，或许《大雅·公刘》里"京师之野，于时处处，于时庐旅"③的记载不算可靠，但始终不能忽视的问题便是，《大雅·棫朴》和《周书·康王之诰》里的"六师"平日里如何安顿？考之夷王时期的南宫柳鼎铭文"六师牧场"与《周礼·地官》"牧人""场人"，可以提供某些虽然难以留下证据但却存有合理性的想象空间。既然从最初武王的选址到东征之后分封格局的调整，洛邑都显示出军事上的重要地位，因而，"广域王权时代"在城市规划中即便可能没有城垣④，也必然在其他方面体现相当的防御功能。

（三）补缀

此外，根据各类文献的记述，还可以推想先秦城市规划中也考虑

① 杨宽. 中国古代都城制度史研究［M］. 上海：上海古籍出版社，1993：48-52。
② 许宏. 先秦城市考古学研究［M］. 北京：燕山出版社，2000：82。
③ "师"古训有"军队"与"民众"两说，其实在职业军人产生以前实为一说。
④ 许宏. 大都无城：论中国古代都城的早期形态［J］文物，2013（10）：68。

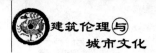

到了入贡、贸易、教育、节令等功能，并相应地有所安排。但根据上述三点猜想，已不难理解立城不合先王之制，所挑战的是整个先民生活世界所形成的治理秩序与观念系统，从而必然引发武力对于后者的维持。

当然，本文最后的几点猜想，去"真实"几何，有些可能验证于未来的考古发现，有些则可能是永远的猜想。并且经过了如上工作，先王之制依然是一个笼统的，模糊的，尚需更为细致分疏的概念，那就只能以俟后之君子了。本文相信，即便有"视死如生"的传统，通过考古手段只能还原城市的基本轮廓与主要功能分区，却无法呈现古人生活丰富的细节，而作为一种思想的"先王之制"奠立了先民生活世界的精神气质与行为规范，指明这一点本文的目的也就达到了。

最后必须补充的是，英国著名历史法学家亨利·梅因（Henry Maine）在《古代法》第五章《原始社会与古代法》中关于"家族"古代意义的揭示，即在"法律拟制"意义上将不同的政治集团通过定期集会与共同祭祀来确认他们之间的联系从而拥有共同的"血统"①，与此"先王之制"有同工之妙，本文也确实受到了启示。但为避免在两者之间作凿空险论，故在主要部分的行文中并未涉及，惟于文末标明来源以致敬意。

---

① ［英］梅因．古代法［M］．高敏，瞿慧红译．北京：中国社会科学出版社，2009。

建筑文化

Architectural Culture

四合院的文化精神

李先逵[①]

在中国院落式民居中，北京四合院具有典型的代表意义。尽管一组四合院民居包含着若干房舍和院子，但用一个"院"字即可概括一切，它成了整个建筑群的总名词，是一个独立的建筑名词称谓。诸如"张家大院"、"李家大院"，都不是指称某一个具体的院落，而是泛称内含院落形态类型的整组建筑。由此可以看出，这种泛称是被高度抽象而形成的建筑类型专用名称，它正是我们说的四合院的"院落"所透视出的文化精神的集中表达，有着十分丰富的文化意义。

建筑的本质在于空间，四合院的本质在于院落。而不同的院落形制和形态，又体现了不同的建筑文化特色。西方民居也有院落式，但在院落文化意义的表达上远不及中国四合院文化鲜明和超凡。所谓建筑文化精神，就是通过某种建筑形态或建筑现象所蕴涵的思想意识、哲理观念、思维行为方式、审美法则以及文化品格等等。从这样的建筑文化学观点出发，探讨四合院文化精神对于正确理解并继承这笔优秀的建筑文化遗产是有重要意义的。

概而言之，中国四合院文化精神表现在以下诸方面。

一、院落构成的阴阳法则

阴阳哲学作为中国哲学之母，贯注于中国文化发展的始终，阴阳

---

① 李先逵，北京建筑大学北京建筑文化研究基地首席专家，中国建筑学会副理事长。

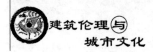

思维浸透于诸多事物的创造中，建筑文化自不例外。在四合院构成和空间组合上，阴阳法则备受尊崇。首先，院子在形态上是由四周房舍相围合，外"实"内"虚"构成一对阴阳关系。其次，组合依据"门堂制度"，在轴线主导下次第排列门屋和正堂，再配以两厢，而"门堂"这一主一次又是一对阴阳关系，在等级上有严格讲求。东西厢的配置亦成第三对阴阳关系，以横轴线贯之。而在纵横轴线交织控制院落关系之中，纵为主，横为次，形成第四对阴阳关系。

1. 四合院的四相空间乃以阴阳法则而定

《易经》云："太极生二仪、二仪生四相，四相生八卦。"一组院落中，按空间层次性质可以分为：室内空间是太阴空间，檐廊空间是少阴空间，院落空间是少阳空间，室外空间是太阳空间。从院落方位来看，除了院落围合的东南西北"四正"的组合安排外，还有院落四角空间的利用和安排，如布置耳房、天井或厕贮、门道等，成为"四维"的布局。因此，这"四正四维"亦构成院落空间一对阴阳关系，在整体上即可以认为院落空间是一个序列布局完整的八卦空间。

2. 四合院在内外空间层次演进上形成阴阳组合关系

每一级组合成为一个递进层次，形成一个层级的阴阳关系。如北京四合院外封闭内开敞，以东南宅大门别内外，为界定领域之第一层次。垂花门为界定主客之第二层次（图1）。中院正房为界别"前堂后寝"，即界定私密之第三层次。内院后房多内眷闺阁，为界定性别之第四层次。后罩房杂役灶厨，为界定主仆之第五层次。不同性质的内与外反映出鲜明的东方儒家文化特质。

3. 一倍法的应用

即用二进制法则扩展院落，如细胞分裂一样。"院"作为空间母题是一个基本单元，每扩展一次即增加一个院落，扩大一倍空间。以院成组，以组成路，以路成群。

4. 重虚的设计

阴阳哲学从某种意义上说是"虚"的哲学，故有水的哲学之称。四合院实的部分即房舍，多用规定做法，而院落设计却千变万化，在使用功能上和环境配置上亦乃全宅之重心，故设计上精心考虑。四合院的情趣精髓乃在于此。因此，理解院落构成"重虚"原则是理解中国建筑的关键所在。

图1　北京四合院界定主客空间层次的垂花门

二、院落空间的气场原理

风水学说主张"生气乃第一义"。故有"气"为中国文化之精要。四合院大小庭院均可视为功用各异之大小气场，门廊甬路则为气流要道，相互联成一气，主院落乃中心气场，令住居充满生气与活力。气场原理重在三点。

1. 藏风聚气

院落大小与房舍高低是关键，院落形态比例谐调对内向聚集的藏风聚气十分重要。过于空旷失去亲和力，住居环境质量欠佳。南方院落天井紧凑，藏风聚气性能好，但必须"通气"，有所吐纳（图2）。

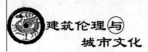
气场原理应与当地气候环境相配合，反映出不同性质的藏风聚气。

图2　四川乐山郭沫若故居条形天井

2. 通天接地

院落上通天，纳气迎风，下接地，除污去秽，使居住环境中不断新陈代谢，循环流转，吐故纳新。其中蕴含的深刻设计哲理就是院落气场要强化沟通天地阴阳之气的功能。如"天井"一词的文化意义就形象地被表达出"通天"的设计意念。

3. 气口循环

风水学说认为"门乃气口"，控制着气流的导引和循环。中国门窗的设计意念更强调其通气"虚"的一面，使整个四合院通过院内交通路线形成气流网络。

三、院落布局的序列关系

无论巨宅大院空间组合多么复杂，院落布局都有明确的内在规律，直接表现在轴线的序列关系上。

1. 系统完整是第一个特征

大型四合院深达数进，有若干院落。各地院落式民居体系和模式也不尽相同，但其共同特征是系统性强，构图完整，组合有序。如北京四合院的三院递进，广东民居的"三堂二横"，云南民居的"四合五天井"等等。

2. 主从明确是第二个特征

在全院大系统中必有一个主院落即中心院落，宽大敞亮，气势庄严。纵横轴线各路各进的子系统中也有自己的主院落，各自形成不同层级结构的主从关系。其中反映东方文化特质的"择中观"起着指导作用。主院落有很强的综合功能，是家庭公共社交场所的重要活动空间。

3. 轴线层级结构是第三个特征

纵轴线上一个院子就是一个层次，一个层次就有一种空间性质，一种空间性质就具备一类空间形态。一些山地四合院这个特征在竖向空间变化上更为丰富生动。横轴线上层次级别稍次，称跨院或套院、别院。两相比较，更强调"纵深意识"，体现含蓄内向、深藏不露的文化气质和民族性格（图3）。

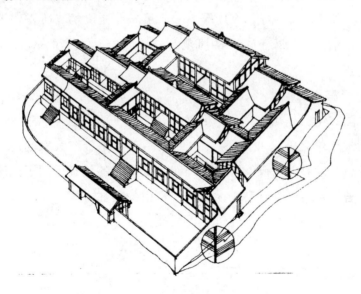

图3　重庆沙坪坝秦家岗周家院子鸟瞰

四、院落功能的伦理观念

传统四合院作为家庭社会伦理观念的物化产品，可以认为其构成

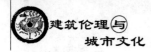

功能就是宗法社会服务的工具。四合院就是一个伦理规范解说的具象空间模型，院落空间在性质上就是伦理空间。《黄帝宅经》云："夫宅者，乃阴阳之枢纽，人伦之轨模。"这是住宅的哲学定义，也是中国院落与西式院落的根本分野之处。

1. 重尊卑等级秩序

也就是"礼"。所谓"礼别异，卑尊有分，上下有等，谓之礼。"尊崇礼教成为院落功能布局设计的指导思想和基本原则。大礼"天地君亲师"设正堂，长辈住上屋，晚辈居厢房，女流处内院，佣仆置偏处，各得其位，不能逾矩。

2. 重仪礼规范

四合院中实际上用于礼仪活动的面积超过用于起居生活的面积。主院落主要用途也是为进行礼仪活动而设。院落便常成为房主身份等级、社会地位的标志。院落亦因对外礼仪功能之别有多种多样的布局和配置，如轿厅、花厅、女厅等不一而足。重礼仪规范还要"求正"。体现出"清静以为天下正"的风范。一是形式上的"正"，二是格调上的"正"。

3. 要有和乐精神

中国文化也是礼乐文化，伦理中有严肃一面，也有和乐一面。家居所谓"天伦之乐"。四合院的"四世同堂"是传统大家庭追求的大团圆理想。世界上大概没有像中国四合院那样的伦理乐园了。四合院组群中若干院落十分有利于大集体小自由的居住方式，为和乐精神的调剂提供了便利的空间条件。

五、院落形态的弹性特征

院落式民居遍及四方，分布地域之广为其他任何民居类型所不及，其中一个重要原因在于院落形态的弹性特征，使之变化演绎无尽。

1. 广泛适应性

它不但适应各种不同的气候条件和地形条件，也适应不同使用功能和不同民族风俗习惯。北方四合院空间疏朗，纵向延伸，利于冬季纳阳。南方四合院或天井院空间紧凑，尺度亲切，横向拓展，天井变化多端，利于南方高温湿热气候通风纳凉的要求。山地院落民居如四川的"重台天井"或"台院式"，一台一院，一院一景，变化丰富。黄土高原地坑式院落又别具一格。而新疆维族"阿以旺"民居，其院落就是一幅民族特色浓郁的民俗生活风情画卷。

2. 形态的多样性

阴阳构成之院落正应验了《易经》"一阴一阳之谓道"的哲理，一个院落即为一道。"一法入道，变法万千"。房舍有形，可以标准化，院落无形，可以自由化。四合院其妙就在于院落空间形态的变化上。犹如下围棋，看虚下实，着眼点在于虚的态势布局。四合院设计之着力点也就在于院落空间设计上。像《红楼梦》大观园中各种院落的描写真是各具风采，境象无穷。

3. 有机交融性

院落空间具有双重性，既内向聚合，又外延开敞。它通过门、窗、墙、廊等建筑要素使相对独立的院落互相连成一体，空间流动，开合收放，以主院落为"做眼"穴位中心，形成一个完整有机的互渗互融的院落空间体系。

六、院落环境的生态意义

相对于外部环境来说，一组院落也是一个相对独立的生态环境体系。人们居其内，要代以为继，必须要有良好的生态条件。在晋中、徽州、景德镇等地遗存的不少明代院落式民居都表现出院落生态功能的地方特色，不少优秀处理手法值得借鉴。

1. 自成天地的"小宇宙"

一个院落式民居就是一个自成体系的"小天地"。住居既然是"阴阳之枢纽"，其自然属性必为生态环境良好的"吉地"，方供人之所居，因这里是天地阴阳交合之灵气聚合汇集之处。这是中国"天人

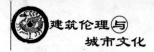
合一"的住居观。而院落恰是首选的最佳形式。从建筑风水观点论，一组四合院平面总体布局同风水模式如出一辙，前低后高，中轴对称，左青龙、右白虎，前列照壁池堰。北京四合院的布置更依先天八卦之说，实有"宇宙图案"之写意。这在本质上反映出人们意欲创造一个仿生的"人为自然"，亦如造园"虽由人作，宛自天开"，使四合院住居既是一个小社会，又是一个小自然。

2. 引入自然的绿化意识

一般四合院都有良好的庭院绿化，但这种花木培植更重要的文化内涵则在于通过自觉地引入自然，实现对"天人合一"理想的追求。这种生态观应该说是东方住居文化的独创。一方天井，半壁隙地，几株兰草、三二梅枝，便有"咫尺天地"，尽得春色。主院落更是绿化生态重点，植乔种果，花木扶疏，盆景假山，生机盎然，优雅宁静，充满生活情趣（图4）。至于私家花园山池林苑，意境尤升一层，生态绿化意义臻至美学艺术境界更非一般可论了。

图4　云南建水朱家花园廊院

3. 小气候调节

院落生态环境系统使四合院内形成一个相对稳定的小气候区。院落纳阳是十分充裕的，方便生活也利于绿化，亦为健康之日照所需。大小院落与纵横廊道交通构成良好空气循环系统。绿化改善生态环境质量。明暗沟排水系统，水井水池之设，调节湿度又利于防火。由是，生态必需的阳光、空气、绿化和水等诸要素都有相应措施予以调节自控。各地院落式民居这方面手法之丰富巧妙，令人叹服。难怪有人把四合院称之为巨型人居空调器的健康住宅。虽然在技术条件有限情况下它也有许多未尽人意之处，但这种居住模式在小气候调节方面的确颇有独到之特色。

七、院落艺术的素描品格

总的来说，中国四合院的建筑艺术是一种黑白艺术，具有中国水墨画意趣和质朴的素描品格。四合院艺术表现力集中体现在全景画展示，光与影的交织和简约朴实的装饰装修方面。

1. 全景展示的连环画手法

什么是四合院立面建筑艺术？它外观封闭，仅高墙嵌一大门。应该说真正的四合院立面艺术表现是它的主院落全景360°展开面。围合成院落的各幢房屋朝向院子的一面如同连环画一般组合起来，站在院子当中环视，你就犹如在欣赏一幅水墨民居生活习俗风情长卷画，也像在观看京剧的折子戏，一幕幕意味深长。这是最精彩、最典型的四合院建筑艺术的表现力。而它又是以白描的手法达成的。它的另一个艺术特色，即两两互为对景，门堂对景和东西厢对景均相映成趣。

2. 光影交织黑白互补

四合院多因材施用，不事豪华，多以本色，淡雅清新。借助于光与影的互动效果造成院落艺术素描特色。苏东坡诗《花影》云："重重叠叠上瑶台，几度呼童扫不开，刚被太阳收拾去，又教明月送将来。"此把光影艺术以喜剧手法表现出来，可见意境陶醉，情趣盎然，动静互变，生气勃发。也难怪为什么夏夜一家人喜聚坐院中赏月纳凉谈天了。

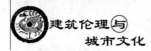

3. 装饰简约朴实

北方四合院装饰多集中在墀头、屋脊、门窗及垂花门等处。南方院落民居硬山屋顶多、马头墙造型装饰别具一格。砖石木"三雕"和泥灰"二塑"是民居常用装饰手法，也多素色为主，深浅浮雕黑白光景效果极佳。装饰题材多为神仙民间故事和动植物，民俗生活气息浓烈。书香门第或殷实人家，院中置匾额题对，家训格言，尤具教化功能（图5），所谓"齐家有道惟修已，处世无奇但率真"。此某民居门联，却也是院落艺术尚朴气质的写照。

图5　四川合江夕佳山黄氏庄园中的厅匾额与对联

传统四合院文化精神是多方面的，我们通过以上分析，归纳出院落构成的阴阳法则、院落空间的气场原理、院落布局的序列关系、院落功能的伦理观念、院落形态的弹性特征、院落环境的生态意义及院落艺术的素描品格等七个方面。这七个方面也仅仅是举其大要者。我们的目的，是想探寻继承优秀建筑文化遗产的一种方法，即通过表面的建筑形式挖掘设计语言内涵的表达和哲理思维的体现，以期获得真谛的启示，汲取有益的建筑营养，贡献于今天的中国现代建筑创作。

重逢阿尔瓦·阿尔托

金秋野①

一、模糊的庞然大物

1958年，芬兰建筑大师阿尔瓦·阿尔托（Alvar Aalto，图1）设计的伏克赛尼斯卡教堂（Vuoksenniska Church）正在紧张的施工过程中。这是一座可容纳800人的路德会教堂，阿尔瓦·阿尔托通过两道巨大的弧墙，将室内空间分成3个部分，最靠前的部分布置圣坛，可以用来组织礼拜、婚礼和葬礼；后面2个则为社区提供集会功能（图2）。在阿尔瓦·阿尔托心中，教会和政府一样，都是世间约定俗成的机构，人们要组织起来，日常生活要顺利进行，是不能没有这些机构的，可是仅此而已。在内心里，他看不上任何制度化的东西，甚至在

图1　阿尔瓦·阿尔托(Alvar Aalto)

自己的建筑设计中偷偷撤掉那些正襟危坐的部分，使之平易亲切又不失精神高贵。他设计的市政厅像林间小镇，大学像个山地小城，这些分明是人们习见习闻的景物，却又跟记忆中有所不同。到底哪里不一样？却不太容易说清楚。

①　金秋野，北京建筑大学建筑与城市规划学院副教授，建筑伦理学学术创新团队主要成员。

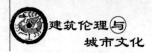
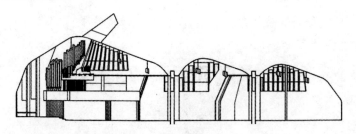

图2　伏克赛尼斯卡教堂平面图

（来源：筑龙图酷，http：//photo. zhulong. com/）

比方说，这座教堂的室内空间就有些模糊不清，至少不是人们通常认为的样子。那两道16英寸厚的混凝土弧墙本是庞然大物，却在电力驱动下缓缓移动，平时缩进侧墙里边。建筑师用光线模拟声音的传播，精确设定了室内的音响效果，届时布道坛上的神父就可以通过这样一个不规则空间内复杂的反射作用，将自己的声音送到每位虔诚的信徒耳中，人们不会因为回声和共振分心，影响在上帝面前的冥思。在这方面，阿尔瓦·阿尔托真是用尽心思，也体贴得无以复加。故而，站在经典现代主义立场上的理论家，会给他扣上"人情味"的帽子。可阿尔瓦·阿尔托在这座教堂里，甚至很多其他的建筑里，却大谈特谈技术问题，他对自动推拉的墙壁和窗扇特别感兴趣，他也会认真设计一些精巧的机关，目的仅仅是让两扇窗同时开启，或烤肉的时候自动翻面。他的曲木家具，更是在现代技术的辅助之下才得以实现。谁也不能否认，阿尔托是个技术迷，他好奇而乐于尝新鲜。

可是在这一年，当教堂的业主要求他设计一个电动平台来运送尸体的时候，阿尔瓦·阿尔托毫不犹豫地拒绝了。他的理由是，用电力驱动墙体，发生在仪式之前；搬运尸体则是仪式的一部分，取代了生者的权利。阿尔瓦·阿尔托希望生者能亲自为死者送行，而不是被机械代劳。这样的事情不止发生过一次。阿尔瓦·阿尔托就这样严守着技术的底线，毫不含糊。伏克赛尼斯卡教堂就像北方森林里的远古巨兽：庞大而柔软，模糊又坚定（图3）。它不像同时代的建筑杰作那样棱角分明、铿锵有力，喜欢它的人想要模仿，也无从下手。此时，阿尔瓦·阿尔托已渐入暮年，对这个机器声隆隆作响的时代，他并不特别反感，但也不愿被打扰，宁愿躲在北方森林里做梦。他的内心是矛盾的：一些美好的东西注定已经无法挽留，就像10年前去世的妻子。可是这种矛盾里仍有光亮，那点光亮却并不清晰，这大概就是生活本来的样子。

图3　伏克赛尼斯卡教堂外景（黄居正摄）

就这样，阿尔瓦·阿尔托用他习惯的方式，回答着这个时代独有的问题。这个问题似乎与建筑息息相关，答案却在建筑之外。他曾经说："建筑师的任务是重建一种正当的价值……建筑师的任务也是试图将机械时代人性化。"① 这到底是什么意思呢？阿尔托的挚友、他的传记作者约兰·希尔特（Goran Schildt）试着向我们揭示机械时代的问题所在：

在美国这样的发达国家，社会以工业进步为特征，技术就是国体；在落后国家，技术扮演着拯救者的角色，建筑成了技术的宣言，表达了现代主义对人类梦想的蛊惑。源头是20世纪的欧洲的现代主义，包豪斯与柯布理性分析工业社会的功能并将其上升到精神愉悦的象征高度而绘

① Göran Schildt. *Alvar Aalto：The Decisive Years* ［M］. Rizzoli，1986：222.

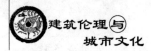
制的发展蓝图……成功之处在于生活水平确实提高了。社会公正获得了发展契机。但是，技术带来如下问题：人们迷失在消费、标准化和过度组织化的噩梦中。技术丧失了其纯粹积极的基调，为我们提供了最大的机会的同时，成为我们时代巨大的威胁。①

消费活动使金钱成为中介和工作目标，让生产和生活脱节，人与物不再亲近。标准化造成简单重复和浪费，过度组织通过一些关于"自由"的美好许诺，让人们不自觉地成为一种新的、更加精微的精神统治的附庸。用阿尔瓦·阿尔托的话来说则是："以工业生产为手段的民主导向的房屋政策，很容易导致大量徒劳的简单重复。最后我们将再一次沦入贫民窟中，只不过这次是心理上的"②。

阿尔瓦·阿尔托无疑是敏锐的。与他同时代的建筑师们满腔热忱地呼吁一个新时代的到来，并为之创立各种各样的标准之时，阿尔瓦·阿尔托明智地选择了静观其变。任何一种制度化的东西，不管是国家体制、宗教权威、城市规划还是建筑理论，都将迅速违背它美好的承诺而走向反面，历史难道不是这样告诉我们的吗？阿尔瓦·阿尔托一生都在背离，他逃开一种定式，陷入另一种定式；人们不断发明定式，也许这样才能安心。这却让阿尔瓦·阿尔托感到不安，他跟晚年的勒·柯布西耶一样，需要一点精神上真实的离群索居。

二、去那建筑物中睡一觉再醒来

于是，1953 年，阿尔瓦·阿尔托买下家乡于韦斯屈莱附近的一个叫作"莫拉特赛罗"（Muuratsalo）小岛上的一块土地，开始为自己建造一座夏季别墅。这里是他的隐居之地，每年夏天他都会来这里住上

---

① ［瑞士］卡尔·弗雷格．阿尔瓦·阿尔托全集（第 1 卷：1922—1962 年）［M］．王又佳，金秋野译．北京：中国建筑工业出版社，2007：11。

② ［芬兰］爱丽莎·阿尔托，［瑞士］卡尔·弗雷格编．阿尔瓦·阿尔托全集（第 3 卷：方案与最后的建筑）［M］王又佳，金秋野译．北京：中国建筑工业出版社，2007：221。

几个月，有时候冬天也会小住一下。这里没有陆路交通，除了坐船，别无选择。那时候电线也没有拉到岛上。在别墅落成后的 10 余年间，阿尔瓦·阿尔托一直愉快地享受着油灯生活。人们逃离城市，或许是因为怀念文明的童年，那时圣人还没诞生、思想还未养成，在朦胧的智慧之光中，人与自然保持着亲密的交流。房子盖在水边，在一块巨大岩石的背阳面。登上岩石就看到清冷的湖水，哪怕是盛夏之际也依然反射着北方特有的清冽日光。岛上纤细而笔直的树木密不透风，树干上厚厚的青苔，脚下是叶片细瘦的寒地植被，却也绿意斑驳。走在这片幽深静谧的树林中，四周万籁俱寂，人真是可以忘记很多东西，包括战后电台里不断高唱的西方文明的颂歌。阿尔托说：

　　我们北方人，特别是芬兰人，爱做"森林梦"，到目前为止，我们倒是还有充分的机会。森林是……想象力的场所，由童话、神话、迷信的创造物占据。森林是芬兰心灵的潜意识所在，安全与平和、恐惧与危险的感觉共存。即使在工业化以后，树木的保护包围感仍深藏在芬兰灵魂中。……芬兰人特别喜欢蛮荒，一有机会就去接受自然的沐浴，既不对峙，也不相违。①

　　人一生要被多少表面乐观向上、实则别有意图的宣传所鼓动，凭空生出许多空幻的正义与激情，以及相伴相生的憎恶和不宽容。真正的智者却只思考最为实际的问题。夏季别墅就是阿尔瓦·阿尔托对无法改变的"正常世界"的轻度偏离，也是一位"成功者"才能享受的对自我命运的支配——"正常世界"对个人修行的微薄奖赏。每年夏天，坐火车到芬兰中北部的这片湖区，坐上小艇，经过一个小时的航行、登陆、跋涉，来到这个有炉火的房子，然后是没有电灯的隐居，早晨太阳会从东边高高的窗口照到床头，唤醒沉睡中的人。当这个仪

　　① ［美］特伦科尔编. 阿尔瓦·阿尔托建筑作品与导游［M］陈佳良等译. 北京：水利水电出版社，2005。

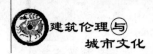

式按部就班地运行，人就脱去凡尘，重归自然了。

不光房子在石头后面，一切都被以各种低调的方式加以处理。很多建筑师会非常注意房子的观看角度，好让自己的作品像是一个盛装的美女，随时准备回眸一笑；阿尔瓦·阿尔托却让房子隐藏在树林里。到底心有不甘，故用明亮的白色，只在大雪初降之际才会短暂地消失。在莫拉特赛罗的这片树林里，找不到真正可以被称之为"道路"的东西，只是借着人们踩过的痕迹，勉强辨别出一条弯曲的林中小径，遍布乱石和树根。于是在面向湖水、有点下坡的地方，穿过树木的间隙，涂成白色的别墅浮现在眼前（图4）。住宅、客房、仓库和桑拿房等彼此分离，成为一组零零散散的小建筑，如同乡间的民宅和马厩，外墙虽为白色，却有不同的质感，有些地方是漆成白色的砖墙，有些地方是白色木板条。木梁架撑起屋顶，上面直接铺油毡防水，住宅部分的屋顶边缘镶3层红色板瓦。建筑与地形的关系相当微妙，尤其是客房、仓库和桑拿房，均未埋置基础及平整场地，客房和桑拿房只以原木搭在合适的大石头上架起一个等高的室内地坪，仓库部分则保留了倾斜的地面，仅调整木柱的高度以保证屋顶的水平。房屋因与地面间有各种不同高度的间隙，偶见原木从屋角延伸出来，如同虚搁在并不平整的基底之上。而基地则因此保持自然的原貌，似未经人为的处理。

房子的模样虽然平常，建造品质却是无懈可击，比例和尺度拿捏得恰到好处，门窗洞口的线脚一丝不苟，给人扎实的观感。夏季别墅本是一座实验住宅，阿尔瓦·阿尔托建造它的目的，是尝试一系列实验性的建造方法，以期能够应用于大规模的建设项目中。这些手法包括刚才提及的木梁架直接铺设于未经处理的场地上的结构试验（模仿芬兰木屋）、弧面砖墙堆砌试验、不同叠砖技法的效果试验、利用太阳能为室内取暖的设施等。这些试验如果有一个统一的哲学，那就是"最小干预的建造"，让建筑随形就势地出现在大地之上，通过碎片化的体量和装饰性的细节融入自然的尺度，不采用现代动力设施（如电力、供暖等）而满足基本的生存条件。这些努力暗含着对现代建筑制度和生活方式的反思——人类太自大了，所以每每大动干戈，以建筑为名义，从环境中粗暴地标榜着自身的存在。阿尔托却在最高的一面墙壁上装上竖向隔栅，向森林致敬。

图4　阿尔瓦·阿尔托夏季别墅

（来源：筑龙图酷，http：//photo. zhulong. com/）

主体建筑为正方形，室内部分平面跟工作室一样是 L 形，外墙延伸出去，围合出一个方形的内院，庭院朝树林开口，既便于生活起居，又与自然相望。院中一个方形的火坑，模仿篝火。L 形的一边是起居室部分，另一边是卧室，两个边等长。这个内院大概是建筑史家最感兴趣的部分，这里有50种外墙砖砌筑方法和10种铺地方法，统一在红色的基调里（图5）。墙面的黏土砖和陶砖都是贴面，而不是结构。这个中庭里洋溢着一种难以言喻的假日气氛，最能让人感受到阿尔瓦·阿尔托性格里那种无忧无虑的自由精神和开阔胸襟。正方形中庭的正中央，有个正方形的火坑。阿尔瓦·阿尔托在他最初的草图中，就设想了这个构件，并描绘了在那里点火，有炊烟袅袅升起。对于没有现代电力和燃气设施的夏季别墅（以及它所代表的原始居住模式）来

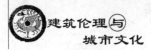
说，火是如此重要：它是建筑得以存在的基础条件，人类生活的图腾。

图5　阿尔托夏季别墅外墙贴砖试验（金秋野摄）

有多少个夏天，阿尔瓦·阿尔托在这里度过一段悠游时光，绘画、游泳、蒸桑拿，或者，坐在中庭，无所事事，面朝湖面，倾听大自然的声音。朋友造访，阿尔瓦·阿尔托会带他乘船抵达小岛，一路上指认这里的稀有植物……薄暮中，在庭院里燃起篝火，指着天际的星斗说："你看，北方的星星也来这个小院子里了。"①

三、寻找独立自主的设计语言

天下任何一个隐居之地，大概都是隐士给自己建造的精神神庙，返璞归真的外衣下潜藏着深深的冥顽。1953 年，阿尔瓦·阿尔托的成就已将本国的建筑师远远地抛在身后，像任何成功者一样，他开始感觉不被理解，有意识地选择离群索居。这样的自我关照使他的设计格外孤高，而在意识深处，他依然觉得自己是同芬兰这个国家的前途，

---

① Jari Jetsonen and Sirkkaliisa. *Alvar Aalto Houses*[M]. Princeton Architectural Press,2012:144.

甚至全人类的命运连在一起的。与这份孤独相配的，仍是寻找独立自主的设计语言的终生跋涉，在时代的图腾柱上刻下"阿尔瓦·阿尔托"的烙印，虽然已经有些力不从心。

现代建筑作为文化意识的载体，向来与现代民族国家之间有千丝万缕的联系。在现代社会，强势的商业文明推动之下，建筑形式和背后的建造逻辑都不再是超然的东西。一种地方开始接受外来文化，总是从抛弃传统的生活方式开始，而建筑往往充当了开路先锋。建筑师在选择建筑形式的时候，也就对文明类型作出了价值判断：接受或拒绝，必选其一，否则将陷入漫长的矛盾和自我折磨。芬兰是地处欧陆边缘的新兴国家，历史文化方面退无可退，可年轻的阿尔瓦·阿尔托仍然感受到了来自外来文化的强大攻势。

芬兰在 1809 年之前一直是瑞典领土。拿破仑战争的结果使芬兰的一部分割让给俄国。俄国统治奠定了芬兰的民族认同，首都从图尔库迁移到赫尔辛基。伦罗特（Elias Lönnrot）编撰了芬兰民族史诗《英雄的国土》，出版芬兰语词典，到 19 世纪末，学校开始用芬兰语授课。民族主义运动迅猛发展，芬兰人的自我意识开始觉醒。

阿尔瓦·阿尔托父亲是地方民团的首领，民团是右翼民族主义组织，信条是保卫芬兰国家独立和民族特征，这一观念也融入阿尔瓦·阿尔托的血液里。1953 年阿尔瓦·阿尔托设计于韦斯屈莱大学的时候，几代人努力培育的芬兰本土文化面临着最深的危机，战后全球化崛起，到处充斥着西方自由化思想，有人甚至要取消芬兰语。阿尔瓦·阿尔托设计的校园尽管朴实无华，却以诗一般的语汇让人回忆起希腊古城，暗示这里是芬兰文化崛起的地方。

对于阿尔瓦·阿尔托来说，一生最大的课题莫过于如何在芬兰本土和国际之间，在古老的文明和现代化进程之间找到平衡。而这种寻求平衡的努力，必须以精准的设计语言表达出来。可以说，阿尔瓦·阿尔托寻找独立自主的设计语言的过程，与芬兰民族认同和语言文化建设的过程是同步的——1939 年弗兰斯·埃米尔·西兰帕（Frans Eemil Sillanp）获诺贝尔文学奖，极大地鼓舞了人们的信心。这正是玛丽

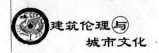

娅别墅落成的那一年，同年冬战爆发，芬兰人为民族独立而拿起武器。伴随着阿尔瓦·阿尔托的成长经历，外来文明大举入侵，芬兰的自主发展一直是严峻的问题。

一方面，必须从外域文化中寻找有价值的设计语言来为我所用，另一方面，又要避免被那种语言背后的情操所征服。同时，在艰难的辨别和筛选过程中，又要从发展并不完善的民族文化精神中无中生有，创造属于当代芬兰的形式语言。这就是阿尔瓦·阿尔托面临的严峻挑战。这几乎是不可能完成的任务。因为这个芬兰梦，青年阿尔瓦·阿尔托直觉地接受了阿斯普朗德。

贡纳·阿斯普朗德比阿尔瓦·阿尔托年长 13 岁，毕业于瑞典皇家理工学院建筑系，20 岁开始通过国际竞赛获得大量任务。著名的"森林墓地"就是国际竞赛的头奖，建造则花去了 25 年时间。完成那一年，他心脏病突发去世，一生作品仅有 20 件。阿斯普朗德也曾设计过一座夏季别墅，这个建筑取法于斯堪的纳维亚传统民居，连续的坡屋顶和白色烟囱营造出柔和浓郁，避开了横扫一切的现代主义教义，给北欧森林的精灵和鬼神以栖身之所。这是阿斯普朗德 53 岁时尝试了现代和古典之后回归乡土的例证。不过，阿斯普朗德大量的作品借用托斯卡纳地区的意大利古典风格，塑造几何感强烈、颇具纪念性的几何体量，例如著名的斯德哥尔摩市立图书馆（图6）。但是，这个建筑其实是个梦想之物。四面环抱的书壁，下沉的阅览空间，不平坦的壁面仿佛朦胧的天光云影，都造成幻觉。这个建筑充满了细节和精美的装饰。对阿斯普朗德来说，古典语言并不是追求本身，他是在借用这种语言来造自己的梦境。

阿斯普朗德给同样处于北欧民族文化焦虑和语言匮乏中苦无出路的阿尔瓦·阿尔托以强烈的刺激。当时现代建筑羽翼未丰，古典是一种经历了时间选择的悠久语言，而乡土更是一块未经开发的处女地。但是，什么样的古典，什么样的乡土，这是阿尔托寻找自己的设计语言的立足点——阿斯普朗德如此打动了阿尔瓦·阿尔托的心，但他更是一块终需推掉的巨石！在这种犹豫的心态下，他设计了维堡图书馆，几乎是借鉴了阿斯普朗德的严整和手法化的古典。书窖和墙壁都与阿斯普朗德如出一辙，但气氛却是阿尔瓦·阿尔托一贯的小尺度、平展的空间和标高变化的室内地坪。

图6　阿斯普朗德设计的斯德哥尔摩市立图书馆室

但是，带有民族浪漫倾向的古典毕竟满足不了阿尔瓦·阿尔托的精神追求。1928 年前后，阿尔瓦·阿尔托参加国际现代建筑协会（CIAM）成立大会并参观了勒·柯布西耶的建筑，他的思想发生了一次相当重大的转变。欧洲其他国家新生的现代主义建筑语言给他莫大的希望。他认为，这才是我们时代的语言。阿尔瓦·阿尔托迅速转向现代主义，芬兰民族文化历史的短暂，给这个国家迅速接受现代文明提供了契机。阿尔瓦·阿尔托几乎立即抛弃了阿斯普朗德，设计了帕米欧肺病疗养院并将尚未建造的维堡图书馆的立面改成了现代样式。

阿尔瓦·阿尔托一旦接受了现代主义，就毫无障碍地掌握了这种设计语言。帕米欧是他最成熟的功能主义作品，为了完成一个"医疗的机器"，可以说无所不用其极。从整体布局到色彩配置，从功能安排到视线设计，从玻璃窗到照明，从色彩到通风，从建筑到家具，无处不用心，无处不精美，为阿尔瓦·阿尔托获得国际声誉（图7）。但是，即使在这里，阿尔瓦·阿尔托对于现代主义的接受也是三心二意，

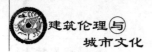

心有旁骛。没过多久，阿尔瓦·阿尔托就发现这套形式语言貌似公正超然，似乎代表了一种"普世"的文明类型，内里却也包含着巨大的偏见跟不宽容。阿尔瓦·阿尔托也许在想，这种高度抽象、像数学一样操作的形式语言，真的是我想要的吗？那个一直萦绕在他胸中的森林梦，无时无刻不在发生作用。像对待阿斯普朗德的古典语言一样，阿尔瓦·阿尔托对"纯正"的现代主义也怀疑起来了。跟那些有志于在欧洲大都市中展开事业的现代建筑师不同，他此时此刻仍然身处北国的森林里。于是，在帕米欧疗养院，他让建筑的底层向森林开放。

图7　帕米欧肺病疗养院室内（金秋野摄）

这种主动自外于舆论中心的性格，让阿尔瓦·阿尔托选择离群索居，也让他跟现代主义的外围人群保持亲近。莫霍伊—纳吉（Laszlo Moholy-Nagy）就是这样一个人，他在努力为现代主义的严肃形象注入动态和模糊的内容。跟纳吉的接触，使阿尔瓦·阿尔托的设计观念发生了很大的改变。纳吉送给阿尔瓦·阿尔托一本《从材料到建筑》，这是他为包豪斯撰写的教科书，对设计领域有关的美学思潮作了简要评述，对尚未实现的现代主义建筑提出了迫切的需求。纳吉认为，真正的现代建筑应当蕴含丰富的形式，而不是简单的白色方盒子。他强调了仿生的重要，认为仿生学设计的机械一定会代替呆板机器，拒绝

190

机器美学。在纳吉的影响之下，阿尔瓦·阿尔托的设计开始呈现对角、倾斜的平面和不规则几何体。其实，纳吉何尝不是在用自己独特的气质改造现代主义，他是不乐意轻易屈从于那些社会理想家冷酷现实、深具功利性目的的冰冷形式，尽管他们为这种形式加上了高尚的说辞。而阿尔托，一定是在纳吉的方式里读到了属于自己的东西。

1933 年大萧条时期，阿尔瓦·阿尔托夫妇带着两个孩子从图尔库迁居到赫尔辛基。1935 年，阿尔瓦·阿尔托自宅兼工作室竣工。这座房子朝向街面的一侧几乎是封闭的，尽管仍延续现代主义风格，却已变得非常感性和亲切了。房子如同融入了自然，露台上的凉棚使用剥去外皮的圆木做梁柱，代替了钢筋混凝土，经过粗加工的托梁横跨原木，两端稍稍出头，看起来就像是简朴农宅的做法。通过这样的方式，阿尔瓦·阿尔托为现代建筑形象增加了一些原始的印记、文明早期的痕迹。这里最能看见阿尔瓦·阿尔托半自觉半随性的自在经营，那种满不在乎的态度，对待现代建筑语言就像对待乡土手法一样照单全收（图8）。梁就那么裸露着，电线也不去隐藏，随意地悬在室内，没有特别精致的对位和故作高深的构造节点，毫无做作的气息，只有一种平凡人生的快乐与安详。

图8　阿尔瓦·阿尔托自宅兼工作室二层的碳化木饰面

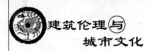
在 1935 年的巴黎世博会芬兰馆中，阿尔瓦·阿尔托的芬兰民族精神又一次找到了表达的机会。在这里，他发展出几种日后逐渐成熟完善的特殊语汇，包括大跨锥形柱与桁梁结合的方式，以及玛丽亚别墅中的森林空间。用木材完成整个外立面装饰的做法，与自宅二层的画室部分如出一辙。但如同纳吉与标准现代语言的对立是在现代范畴之内一样，阿尔瓦·阿尔托的地方语言也是依附在现代主义之上的。1938 年，特殊的机缘使阿尔瓦·阿尔托得以用安然的心境完成玛丽亚别墅这个毕生杰作（图 9）。各种曾经尝试过的设计语汇，如 L 形构图、变化的地坪高度、碳化木饰面、多种材料的并置、粗糙木柱和木桁架、可动隔断墙、深色钢柱、森林空间等，在此融会贯通。光是砖墙就有 3 种，墙的砌法也多种多样，不拘一格。波浪曲线墙也几乎被用在画室中，最后被取消了。

图 9　阿尔瓦·阿尔托玛丽亚别墅

（来源：筑龙图酷，http://photo.zhulong.com/）

玛丽亚别墅呈现出民间建造的自在随意。那些不合规矩之处，有一种特殊的生涩和简单，几种并不抢眼但对比鲜明的材料并置，让建筑有岁月如旧的观感，洗尽铅华，也不造作，如此寂静安乐，清光似明月。空间是真流畅，质地也温润，流光溢彩。这里没有任何死气沉沉的东西，旧了也好看，跟环境之间毫无割裂感，它松松透透，秀润轻灵，像是要融化在森林里（图10）。到这里，阿尔瓦·阿尔托终于在现代主义抽象冷峻的形式框架之内，找到了属于自己的形式语言。

图10　玛丽亚别墅外的土坡

可是迫使他停下来的，竟然是接二连三的外部打击。先是战争的来临，世界范围的停滞和迷茫。20世纪40年代漫长的美国之行，不能说不是对现实的一种逃脱。而当战争刚刚偃旗息鼓，亲密的爱人和工作伙伴爱诺因病去世，给阿尔瓦·阿尔托留下了深刻的精神创伤。接着是战后数年的文化危机，全盘西化的主张甚嚣尘上，芬兰似乎又一次迷失方向。为了摆脱丧妻之痛，阿尔瓦·阿尔托再次前往地中海休养，他在旅途中收获了一些强烈的景象和感受，并用速写记录下来。大自然在有机更新的过程中，难免会留下物质的废墟和受到腐蚀的形体，这些都象征着时间与生长、运动和变化，对生命与死亡的思考重新点燃了阿尔瓦·阿尔托的灵感，使阿尔瓦·阿尔托的创造力重生。阿尔瓦·阿尔托陷入对往昔的追怀，沉浸在对地中海世界的追怀之中，那里有他钟爱的乡村、古堡废墟和小山城，这些形式在他的头脑中沉淀，在睡梦中重现，演变为珊纳特赛罗市政厅和赫尔辛基理工学院。

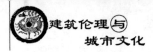

阿尔瓦·阿尔托重归古典，这一次，他明确了他心目中古典的取向——带有在世气息与和乐精神的意大利山地城镇、市民广场和剧场。这是一位已经尝遍了喜乐哀伤的中年人，对世间普通生活和平凡情感的崇高致敬。

显然，这一种古典已经全然不同于阿斯普朗德的托斯卡纳风格。珊纳特赛罗市政厅里体现的欧洲传统——包括小规模民主，多元文明的并置，个性主义，与自然和谐相处，节制的文明，对炫耀和肤浅的蔑视，成为阿尔瓦·阿尔托红色时期的宗旨。阿尔瓦·阿尔托终于在思想和语言两方面都离开了阿斯普朗德，发现他内心深处的古典——那是森林部落的社会理想，和平而自由、小国寡民、远离纷争。但在精神上，阿尔瓦·阿尔托却任由一种假想的古代和异域情怀充塞了自己的内心，他的奋斗意志渐渐熄灭，已经无法维持玛丽亚别墅时期的昂扬精神。市政厅和大学城温润含蓄，散发着一种成熟的光晕，让置身其中的人感到和谐安全。可是阿尔瓦·阿尔托的独立精神可以说前所未有地消沉了，这一次他再也没有机会重新振作起来。阿尔瓦·阿尔托有个习惯，他会给自己的建筑命名，这些名字往往是诗意和隐喻的。这次，他给这个作品取的名字叫作"元老院"（Curia），有心人不难从中读到一种落寞的清高。

当现代建筑越来越脱离了人的身体而走向夸张的图像，阿尔瓦·阿尔托选择在原地踏步。这与乡土无关，更与人情无关，这是一个智者对世界的背弃，他的设计依然是那么独特而丰厚，却不再向世人宣教，也不再有假想的敌手。他把自己封闭在真实或杜撰的旧日回忆之中了。阿尔瓦·阿尔托成了一位向后看的建筑师，他完成了年金协会大厦、赫尔辛基文化宫等建筑的设计，开始回归古典。在 1959 年完成的伏克赛尼斯卡教堂中，阿尔瓦·阿尔托后期设计中的三大主题一一显现：波浪曲线，不规则扇形或辐射状平面，阶梯状平面。北方的森林、极光和遥远南方的古代剧场都浓缩到一系列模糊的自由形态中。没有统一的立面造型，各面都有不同的细部和质感，这里起作用的不是古典法则或构成，而是通过许多共生的形体相互叠加形成了一个生态系统。至此，含义丰富的自然、古典和现代融会贯通的建筑形态终于在私人住宅之外的公共尺度上实现。

四、"我喜欢为芬兰而建造……"

说阿尔瓦·阿尔托是"乡土的"、"人情化"的建筑师，都是片面的，容易造成误解。阿尔瓦·阿尔托从来都不是现代技术的反对者。他认为现代工业技术的应用恰恰是人类在地球上建立可持续生活环境的最佳机遇。他所反对的只是那种短视的眼光所造成的过于狭窄的技术观念，而这样的技术则破坏了万物赖以生存的地球整体系统平衡。在他看来，我们时代特有的问题和重大任务就是：一步步地将工业制度转化为文明中的一个因素，而这一目标终有一天将会实现。同样地，在对待历史方面，阿尔瓦·阿尔托也倾向于将"人类共有的历史"当作一份精神遗产，有选择地加以吸收。阿尔瓦·阿尔托说："对历史我们不应该拒绝，而是要尊敬它；进化不革命。"

其实，他内心里的历史是理想化的和平自由的古代社会，"北方的地中海"更像是一种希望，希望自己属于希腊和文艺复兴的人文传统。阿尔瓦·阿尔托用它来抗衡以崇高为名义的思想布道，不管是宗教献身还是现代启蒙主义。以历史为名义，阿尔瓦·阿尔托努力挽留悠远的世间之情，也就是自然的感情。所以，他创造出的最具纪念性的建筑形象，也只是古希腊山地剧场中的喜庆和乐，没有慷慨悲怆。

现代工业技术和古典人文理想，对于站在时代门槛上的芬兰来说，都是外来文化。阿尔瓦·阿尔托实际上起到了文化搬运者的作用。那么所谓的乡土体现在什么方面呢？是阿尔瓦·阿尔托对待自然的哲学吗？阿尔瓦·阿尔托所谓的"自然"，不仅是指造化万物的实体，也是指真实的生命体验，没有任何滑稽与夸张。阿尔瓦·阿尔托说："建筑不能将自己与自然和人类因素脱离开来，相反，永远也不能脱离，它的功能是将'自然'与我们拉得更近。在这里，自然被理解为一种非常广泛意义上的自然，包括全部人类以及它的城市与它的

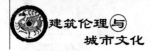
文化。"①希尔特则这样描述阿尔瓦·阿尔托的建筑：

自然绝不是与人类环境相排斥的：当你在城市中看到它的建筑，会惊讶于他是多么充分地将其自然原则带入人造环境，他的信条与生命活动是多么协调，他创作的形式与内在复杂的需求是多么切合。而当你在乡村看见他的建筑，你将会惊异于他将这么多的城市文明的痕迹带入自然，融入原始的风景中。②

我认为，阿尔瓦·阿尔托的自然观，是工业文明席卷一切的背景之下，一个对人类生存的总体状况和历史怀有深切认识的建筑师，对现实作出的应激反应。芬兰的森林或许给了他思考的契机，但这份思考本身并不是"地方性"的，其中并不包含民族主义观念中常见的抵抗性或退守的姿势。阿尔瓦·阿尔托一直是站在"全人类"的角度思考人与自然的关系问题，正如他对技术和异域文化的积极拥抱。阿尔瓦·阿尔托是个不折不扣的世界人。

那么，阿尔瓦·阿尔托的成就，与芬兰到底是什么关系呢？这与芬兰进入现代社会的过程息息相关。阿尔瓦·阿尔托曾经说过："我喜欢为芬兰而建造。这不仅是因为个人感情因素的介入，同时也因为我对这个国家的建筑问题最为熟悉……我本人就是个不折不扣的输出者。"③

阿尔瓦·阿尔托发明了属于芬兰的传统。说是发明，因为它从头到尾都是无中生有，没有前例可循。阿尔瓦·阿尔托告诉人们，所谓传统，其实就是想象和创造的堆叠，一代又一代口传心授，添砖加瓦。阿尔瓦·阿尔托先是将现代建筑的建造技术和组织原则引入这个国家，

---

① ［瑞士］卡尔·弗雷格编．阿尔瓦·阿尔托全集（第2卷：1963—1970年）［M］．王又佳，金秋野译．北京：中国建筑工业出版社，2007：10。

② ［瑞士］卡尔·弗雷格编．阿尔瓦·阿尔托全集（第1卷：1922—1962年）［M］．王又佳，金秋野译．北京：中国建筑工业出版社，2007：13。

③ ［芬兰］爱丽莎·阿尔托，［瑞士］卡尔·弗雷格编．阿尔瓦·阿尔托全集（第3卷：方案与最后的建筑）［M］．王又佳，金秋野译．北京：中国建筑工业出版社，2007：222。

让现代文明的福利首先得以普及；其后，他又把自己心目中的理想社会形态——希腊城邦式的小尺度的和平安乐，通过示范性的建筑作品引入芬兰，潜移默化地影响着社会组织和生活节奏；最终，他又小心地操作这架外来文明的飞行器，使之平稳着陆，没有最终伤害芬兰的风土与人情。没有阿尔瓦·阿尔托，芬兰也会进入现代工业文明，阿尔瓦·阿尔托充当了这个过程的可靠的、优美的导航员。

这给了我们一个启示：作为生产力水平和信息传播的新格局，也许工业化一经发动就再也不会停止，对于后发现代文明而言，唯一能够改变它的方式是成为这部高速运转的机器的调控者，甚至操纵者，而不是任由它从土地、身体和历史文明上奔驰而过。

阿尔瓦·阿尔托从未把现代工业技术置于人的主观感受和精神愉悦之上，在他眼里，工具就是工具。无论人类因为技术而变得多么强有力，阿尔瓦·阿尔托所扮演的建筑师角色仍然只是一个人，思考一个简单的问题：阳光明媚的午后，该在一个什么样的房子里吃下午茶？怀着这样的心思，他的房子都有好端端的风度和分寸，像中岁欢愉，如老友重聚，携一束蔷薇，在林间密语。这座建筑是如此随便，没有艺术史，亦无大主张，唯四时天籁，人意如旧。房子外面是露台，露台看得见池塘，池塘外是树林和野地。建筑与草木共枯荣，与故人同苍老，在双手的抚摸中焕发光彩，在庭院的树干中刻下年轮，这是人在土地上端正的建造，无关于风格和技术，无关于现代或古代，它属于任何一个时代的每一个人，只要你从心里眷恋这份人世繁华。

阿尔瓦·阿尔托的房子里有这么多的安详从容，以及唯有缓慢方能孕育的节制之美。因为人有敬畏，所以安详沉着，又因为人心安静，故能感受入微。人说阿尔瓦·阿尔托是材料运用的大师，其实材料只是人如何对待世间万物的问题，故民居用材料往往比建筑师好。双手让石头和木材焕发生气，然后才有正确的组织和巧妙的安排，因为人是生生之民，大地上的万物也就灵光未泯，房子虽为新造，却也跟前朝旧物般深沉洗练，且常看常新。他的房子能扎根泥土，在工匠的手心开花结果。唯其立意高明、用心也深，其形容则愈发谦卑，真正是

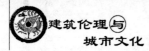
和光同尘。阿尔瓦·阿尔托的建筑出自于一种平易的感情，他只是世间之人，做世间的建筑。

五、平淡近于自然

阿尔瓦·阿尔托是如何通过具体的设计手法传达这种"在世间"的感觉的呢？这涉及现代建筑美学中一些根本性的问题，阿尔瓦·阿尔托的解答无疑有着启示意义。也许他的选择与现代建筑的主流观念之间并无太大的分歧，但那些感觉上的微妙差异，却可以为我们提供看待世界的全新视角。让我们逐条分析这些差异。

第一条是杂，杂而不纯。"纯粹"这种感觉，是跟"分析立体主义"为特征的现代美学相伴相随的。从勒·柯布西耶的纯粹主义到晚近的极少主义，无不是将形式简化到极致，抽象到极致，并由此再衍生出风格。路斯说"装饰就是罪恶"，密斯说"少就是多"，这早就是现代建筑中颠扑不灭的信条。可是阿尔瓦·阿尔托反其道而行之，他不走纯净路线。

阿尔瓦·阿尔托的设计，在形体上一以贯之的是化整为零的策略，以创造丰富的外部空间。阿尔瓦·阿尔托的建筑是具有一些城市特征的，尤其是红色时期的校园规划和公共建筑设计。单体建筑其实也是根据功能打散形体，使更多的表面与自然相接触。夏季别墅那么小的房子，也被打碎成四五个连续的体量，分散在树林里。珊纳特赛罗市政厅是缩小进深，围出内院，帕米欧疗养院是四面开张。在可能的情况下，阿尔瓦·阿尔托会尽量减少建筑的深度，使之变薄，铺展呈扇形，然后伸张开去、环绕起来，浸入环境，与自然相交杂。阿尔瓦·阿尔托不太喜欢统一屋顶覆盖之下非内非外的"灰空间"。如果说统一处理的外皮带来"完整"的印象，阿尔瓦·阿尔托则通过分散体量求得"零杂"的感觉。

在结构上，阿尔瓦·阿尔托也喜欢含混，不求清晰。就像兽骨，不仅能够支撑身体，同时也是造血器官和运动器官，阿尔瓦·阿尔托让它的结构也都具有若干暧昧的功能和形态特征。比如意大利里奥拉社区教堂或赫尔辛基文化宫的异形立柱，柱与梁融合到一起，成为空间的肋骨。又如伏克赛尼斯卡教堂的曲梁，端部像花瓣般绽开，内藏弧形墙壁的滑轨和通气孔。再如珊纳特赛罗市政厅主厅的屋顶，那种八爪鱼般张开的支撑结构，不仅起到结构作用，也是具有空间审美作用的物体，它的含混杂糅，带来了特殊的塑形的力感，阿尔瓦·阿尔托并不强调清晰的节点和建构句法这一类如数学般精确、人为气息很重的东西，他求的是空间内部与人的感受相连的、混沌杂糅的表现性效果，尤其是结构撑起屋顶的方式。

在材料使用方面，阿尔瓦·阿尔托更是无法胜有法，喜欢多重并置、互相发明。例如自宅一层朝向内院的门廊，一个内凹的方形小空间，角部用圆截面灰色钢柱支撑，墙壁是粉刷成白色的外挂木板，截止到离地面 30cm 的高度。原色木门，做过碳化处理，呈红褐色，细密的板条表示着与墙壁不同的尺度，并与门内木色的门厅相呼应。左侧墙壁外挂木板条下端停止在距地面 70cm 的高度上，露出更多的水泥砂浆外墙。门廊的顶部就是裸露的波纹石棉瓦吊顶，在二层外挂深褐色炭化木饰面的地方挑高 20cm，结构逻辑清晰可见。这个小小的空间，所用材料清晰明白又随随便便，没有什么特别的表现性意图，只是根据需求随意搭配，质感很好。尤其是一些细节处理上，如壁面交界处的倒圆角，木门外窄窄的门套的弧形收边，门口铺一块粗糙的麻脚垫，钢柱之间原木铺设的种植槽等，加上毛石台阶和夏日的藤蔓，在精工细作中显出自在随意。在阿尔瓦·阿尔托眼里，材料不必是结构理性的表现，也不必非要被"正确"地使用，因此砖既可以是结构，也可以是填充物，也可以是贴面，在表现性方面，它都直接作用于人的感官，因此但用无妨。自宅的工作室里，白涂料薄涂的错缝砖墙、裸露的红砖壁炉和台阶、木楼梯、黑色钢柱、草席扶手板饰面、木窗套、大木门和圆润的木把手、浅色铺地瓷砖和暗绿色地毯，共同营造了一个异常和谐亲密的工作环境。这种感觉就是杂而不乱，亲切自然。

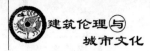

阿尔瓦·阿尔托塑造的环境氛围，会带来一种"活在其中"的感觉，有人的活动更好，人多了也好，东西随便放放，桌椅七扭八歪，都很好。这让我想起菲利普·约翰逊给自己设计的房子，那是一种消灭了烟火气的干净，富于禅味的通透，连植物都几何化了，真可谓"不生不灭、不垢不净、不增不减"，像日本的和室。现代建筑有一种吹弹可破的干净，对世界的杂乱，是一副清高的冷脸。密斯的巴塞罗那馆里容不下一台吸尘器。阿尔瓦·阿尔托的房子不是那样的。路易斯·康喜欢将结构和构造表现得一清二楚，柱子、梁、填充物、扶手、管井，一一形体化后彼此分离了，用色彩、质感、光影等刻意强调碰撞感的细部强化差异，甚至连主要空间和次要空间都分离了，能分析的部分，都被表现了，整个建筑似乎在说："你看，我分的多清楚。"阿尔瓦·阿尔托正相反，他能不分就不分，因此在伏克赛尼斯卡教堂的立面上，我们看到的都是莫名其妙的并置，生硬的转折，以及伪装成屋顶一部分的排水管。这座教堂室内利用自然采光造成的光照效果，因为侧光、顶光、双层高侧窗等多种不同的光源，造成室内柔和丰富且颇具感染力的效果，不知来处、难觅踪迹（图11）。对比安藤忠雄"光的教堂"，在那个简化的构思中，"光"成了空间表现的唯一要点，为此故意使用纯粹的材料，去除了所有冗余的东西。人的丰富微妙的感受系统，被一种偏执的分析式表现欲所压制。为了解决尺度放大、工期缩短、预算紧张等问题，现代建筑师以牺牲人的细腻感觉为代价，发明了大面积留白、删除装饰的抽象美学，偏爱纯粹的材料、纯净的结构、清楚的表现、单纯的几何形体，这方面的例子不胜枚举。

阿尔瓦·阿尔托建筑的第二个特征是沉着，接地气。只要比较玛丽亚别墅的下沉造型和萨伏伊别墅漂浮的体量，就可以看出根本性的区别。阿尔瓦·阿尔托的建筑，非常注重地表微妙的高差变化，和植被与人造环境的彼此融合。他从来都会尽量保留土地的自然高差，讨厌过于平整的基地。这种倾向发展到极致，他会在珊纳特赛罗市政厅等方案中，人为造成一个有高差的地形，来强化建筑与泥土的交媾。

图 11　伏克赛尼斯卡教堂室内空间（黄居正摄）

人走入建筑，如同进入山地，逐步抬升，上下左右，无处不是风景。玛丽娅别墅外部的地坪标高一直在轻盈地变化，上几步台阶，就是画室之下、阳光室外面的那个小露台；内院角落那个隆起的坡地也是人造的，让建筑与树林既连通，又分隔。赫尔辛基理工大学的仪式性的坡地，与报告厅室外剧场的造型相呼应；塞伊奈约基城镇中心如同建造在小山坡上；年金协会大厦抬高的内院正好俯瞰城市街心公园的轴线，而工作室外面自然漫坡、被草坪覆盖的甬路，接到侧门干干净净的铺地之上，重复着夏季别墅的做法。有一张照片，是珊纳特赛罗市政厅充满野趣的、通往内院的植草楼梯，夏季鲜花盛开、草木丛生。玛丽来别墅外观本来不求单纯，各种色彩和质感纷至杂陈，加上岁月的侵蚀和植物的攀缘，越来越斑驳，虽在文明世界，却依然与身体相亲，离蛮荒不远。反观萨伏伊别墅，架空的底层如气垫一般将建筑抬升起来，漂浮如飞艇，白色无质感的外观，使它永远完美如新，与周边的环境难以描述的割裂感，岁月不留痕。这种漂浮、隔绝、常新的感觉，也是现代建筑美学中非常典型的特征。如密斯·凡·德·罗的范斯沃斯住宅，不仅平台、踏步——漂浮，就连紧挨着建筑的草坪都漂浮起来，而建筑更是空透如无物，刻意营造的轻盈透明，反而使建

201

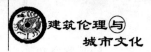

筑与环境间前所未有地割裂开来，而这种"人为"的感觉正是建筑师在美学上追求的极致表现。

与强调"人为"的审美理想不同，阿尔瓦·阿尔托似乎有意遮盖刻意的表现，甚至让植物来协助完成。例如珊纳特赛罗市政厅的抬高的内院，建筑立面没有玻璃的部分几乎被爬藤满满地覆盖了。远处是落叶松和白桦的密林，竖直线条衬托着水平的走廊，各种色彩、各种质感、各种纷杂且瞬息万变的感觉，仿佛这个希腊小镇般的红砖建筑，眼看就要被时光吞没了。相反，路易斯·康的名作萨尔克生物研究所的那个严肃古典的中庭，如同墓碑般矗立于天地之间，没有植物和其他生命的痕迹，紧密结实，光亮如镜，仿佛绝缘体。现代建筑的隔，不只是材料上的隔，意境上的隔，更是心理上的隔，知识类型上的隔，背后是一套相当独特的价值取向，内里是对科学理性的抽象神化，献给人本主义永恒时空观的赞美诗。

如果说路易斯·康通过他严肃的纪念性，塑造了一种"离世间"的永恒之美，阿尔瓦·阿尔托则在生生不息的自然循环里寻找"在世间"的瞬变之美。与前面谈到的"杂而不纯"一道，创造了一种有别于现代建筑中常见的"干干净净"的"模糊美学"，一种自在散漫的环境感受，甚至在伏克赛尼斯卡教堂这样的设计中，突出的正面已经消解了，建筑成为一团庞大的肉身，包裹住那个朦胧暧昧的模糊空间。又如玛丽亚别墅自由开敞的底层和不规则木柱塑造的森林空间，加上木质的地板和吊顶，使客厅如在林间，室外延伸到室内；而夏季别墅的砖砌内院四面围合，特殊的屋顶处理和丰富的质感，以及面朝湖面的开口和白色木格栅，让室外犹如一个开敞的客厅，室内延伸到室外。阿尔瓦·阿尔托摆脱了现代时代静态的程式化美学的诱惑，让不同的类型、不同的结构、不同的感受彼此冲犯、相互纠缠，编织成一个复杂深邃的环境系统，成为自然环境的一个人工的副本，此起彼伏，有生有灭。而人，作为自然循环中的一个物种，也应该对有限的生命平静接受，就像春华秋实，生生不息。这份散漫，其实正是以另一种方式见证的永恒和秩序感，如同自然。这就是阿尔瓦·阿尔托"在世间"的美学，他的朋友希尔特这样形容它：

阿尔瓦·阿尔托的选择到底是什么呢？是让技术为人文服务吗？也许重要的是他真实的语调。他的声音听起来粗略、阳刚却又不失温暖、丰富的体验，表达了人们期望中重要的东西：家是美丽的，没有任何夸张的唯美；工作场所的客观性驱除了所有的豪华办公设备；公共空间感动参观者的不是容易忘却的艳羡，而是自信；城市的职能不应过度强调交通和大众消费的重要。没有任何东西是深奥难解的、高度智识化的或多愁善感的，一切都不排除非理性的成分但又能清晰，是一种能够最大程度获得精确感的美好和谐。最重要的，是一种特殊的力量能给旁观者以莫大的鼓舞，这就是生长的力量。①

但是，更重要的一点，是阿尔瓦·阿尔托对待建筑设计的态度与其他现代建筑师迥异，那是被工具理性和点线面构成所侵蚀的头脑无论如何不能领会的一种自然的情态。阿尔瓦·阿尔托的作品中，最称得上"天然去雕饰"应属自宅、玛丽亚别墅等几座小房子，尤其是夏季别墅的砖庭院，亲切自然。阿尔瓦·阿尔托似乎在告诉人们，真正的建造活动，应该根植于日常生活和阳光土地，带着劳作的快乐；那些正襟危坐的"杰作"，却往往因为承载了太多的寄托、学问、先例和规则而失去生命，成为教条的模板。心手两忘，相忘的是圆熟的技巧与表现的心机。唯有如此，才能真情流露、天机尽泄。

这似乎意味着，"现代建筑"所代表的一切内涵和外延，都根植于"现代性"所规定的文明类型中，无可避免地滑向过度标准化与体制化，从而失去生命力。但是，阿尔瓦·阿尔托却并不认为"标准化"生产方式本身有什么问题。他说：

---

① ［瑞士］卡尔·弗雷格编. 阿尔瓦·阿尔托全集（第 1 卷：1922—1962 年）［M］. 王又佳，金秋野译. 北京：中国建筑工业出版社，2007：12。

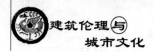
并非标准化本身造成了工业社会的单调均一，而是对标准化的误用使然。我们的目标，是发现一种途径，它本身是标准化的，但绝不会将一种固定的模式强加于人类生活。举些我个人职业生涯中的创造性例子，如弧面砖、可变台阶、旋转铰链，等等——目的是实现一种富于弹性的标准化。在这个方向上存在相当充裕的可能空间，但它会消耗大量的时间。……僵化教条的建筑规范，它们的出发点无疑是好的，但它们常常是阻碍弹性标准化机制的罪魁祸首。①

的确，阿尔瓦·阿尔托使用标准化的构件，去完成了一系列充满弹性和可变性的构造细节；他利用常规的建造手段，生产出与其他现代建筑师非常不同的、更接近于自然形态的建筑产品。比如他在赫尔辛基文化宫项目中设计的可以适配不同曲率墙面的弧面砖，还有可变间距扶手，那是一部弧形楼梯中间的铜质把手，楼梯上宽下窄，扶手之间的距离也相应发生变化，粗看上去仿佛是一个非常复杂且精密的构件，仔细观察则会发现每根立梃和每段转角都是标准化构件，通过不同的间距与组合方式产生出巧妙的变化（图12）。阿尔瓦·阿尔托管这叫"弹性标准化"，并认为这是一种值得探索的建造手段，更符合自然世界的基本形态。他说："苹果树上的花朵看似具有同一性状，但仔细观察又各有不同。我们应从中悟出建造的道理。"②

这大概就是阿尔瓦·阿尔托面对因工业生产均质化的现代世界而精心寻找的解决方案。但是，在他的有生之年，这一方案仅在"建筑构件搭配组合"这个层面部分地实现，且未能提出系统化、可操作的技术措施。在市场化的建筑生产，包括城市设计和规划领域，阿尔瓦·阿尔托事务所的工作依然是传统的，甚至有一点保守的经典方式，到了晚年，滚滚而来的设计任务已经让他深感力不从心，一些方案

---

① ［芬兰］爱丽莎·阿尔托，［瑞士］卡尔·弗雷格编. 阿尔瓦·阿尔托全集（第3卷：方案与最后的建筑）［M］. 王又佳，金秋野译. 北京：中国建筑工业出版社，2007：220。

② ［芬兰］爱丽莎·阿尔托，［瑞士］卡尔·弗雷格编. 阿尔瓦·阿尔托全集（第3卷：方案与最后的建筑）［M］. 王又佳，金秋野译. 北京：中国建筑工业出版社，2007：221。

图 12　赫尔辛基文化宫可变间距扶手

在简单重复着惯用的手法，一些已经失去控制。阿尔瓦·阿尔托并没有找到合适的方法，来填充他提出的"弹性标准化"框架。他到底只是一位值得尊敬的建筑师，做出了令人赞叹的作品，却没有成为人类生活的设计者，提出超越标准化制造的生产模式。阿尔瓦·阿尔托没有机会看到电脑辅助设计的普及，新兴工业化国家的城市乡村被大量简单重复和毫无意义的抽象线条所覆盖，木材和石头被错误地使用，资源大量浪费。他也没有看到理论分析被人们制度化为一种评价标准，全人类的自然洞见力和即时接受力都在人造的感觉中大量丧失，而后代建筑师忙于制造视觉奇观，不再思考"什么样的生活更值得过"。他希望找到弹性标准化的方法，最终并没有实现。他努力开拓属于芬兰当代的造型，最终却成了全球化的在北欧三心二意的推动者。他希望摆脱纪念性，找到属于日常生活的建筑语言，最终却魂归希腊。阿尔托几乎在所有重要的目标上都功亏一篑。

但是，阿尔瓦·阿尔托依然是个胜利者。至少他的思想和他未竟的事业——即在工业化生产的框架下寻找差异化制造手段，将多样性还给人类，让自然和朴素的日常感情重新回到生活当中，这方面的努力并非后继无人。仍然有梦想家在越来越困难的条件下从事着那件几乎不可能的任务：让机械时代重新人性化。也许这项追求本身就是新

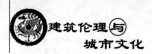
的历史时期下建筑活动的意义所在。毕竟工业生产是人类面对的全新生存条件，它的发展完善需要时间。对此，阿尔瓦·阿尔托在那篇优美的《鳟鱼与山泉》中告诫后人一定要耐心，唯有耐心能带我们去往埋藏答案的历史节点：

　　建筑和它的细节在某种方式上与生物过程相关。他们就好像鲑鱼或鳟鱼，不是生来就成熟的，甚至不是诞生于它们生存的海洋或湖泊中。它们是诞生于千里之外，远离它们通常生活的环境，就像人的精神生活和本能远离他的日常工作。像鱼的卵发展成成熟的组织需要时间，我们思想世界中的发展也需要时间。①

---

　　① Alvar Aalto. *The Trout and the Stream* ［M］//Göran Schildt（*edited and annotated*）. *Alvar Aalto in His Own Words*. Otava. Rizzoli，1997：108.

建筑的女性之思——简评
《她建筑——女性视角下的建筑文化》

戴荣里①

　　作为一位建筑人，我在日常生活中，经常看到或者听到与女性有关的建筑实体和故事，这些实体和故事蕴含了独特的建筑艺术现象，早被大家关注，但鲜有人对此作出更加细化的系统性的研究，《她建筑——女性视角下的建筑文化》（中国建筑工业出版社2013年3月出版）无疑是对这一领域的系统贡献（图1）。

图1　《她建筑——女性视角下的建筑文化》

---

　　①　戴荣里，中国人民大学科学哲学博士，中铁建工集团办公室副主任、企业文化部副部长。

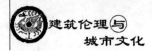

作者显然经过精心的构思，在全书的五个章节里，围绕"庇护与编织"、"禁锢与教化"、"灵动与优雅"、"共享与关怀"、"遮蔽与张扬"等五个方面抽丝剥笋般层层展开，将人类建筑文化发展过程中女性的存在，进行了细腻而深入的总结。正如作者在引言中所说：该书"只不过温柔地邀请人们观察、发现并重新认识'她'，女性与建筑的相遇"，作者特意解释了"女性视角"：既强调生物性别、身体意义上的女性特征和女性经验，又关注社会文化形成的女性气质和行为方式。

作者在探讨女性建筑的同时，似乎更多的蕴含着建筑中对女性忽视的一种呐喊。作者认为，从古至今，建筑与女性之间存在着一种"傲慢与偏见"。而她在本书中，试图通过一个个小小的切面，拨开各个时代的建筑迷雾，去搜寻原本属于女性对建筑的贡献，既从建筑本身来挖掘、体现、总结女性对建筑的影响、审美意蕴和艺术贡献，又从建筑师的女性身份给我们搜寻建筑设计的参与者的风采与贡献。作者之所以承接对女性之于建筑意义的挖掘，重点不是想发出异类声音，而是强调回复到建筑本源意义的阴阳调和且与自然实现互通，想让建筑回复到最本质的"家园气质"，成为满足人性关怀的自然之物、诗意栖居之所。基于这样的一种理念，使得本书不是一本猎奇之作，而更是对人生存本体意义和质量上的深刻探寻。

作者的探寻之旅从人类建筑的起源开始，叙述了早期洞穴所给人类的子宫一般的温暖、可靠，人类一直在寻求着建筑形式的变换，但人类最初的建筑功能直到今天也不可能去除围护的安全性。作者认为，早期女人的编织也为建筑提供了一种技术参照，正如今天的女性艺术家的孔雀造型乃至于弹奏的钢琴声音，都可以幻化为建筑造型的种种创新一样。而对历史文物的挖掘与开发，则透露出女性与人类早期建筑的密切关系。作者的分析注重史实的利用，不靠主观臆测而是依据实物和学者观点进行严密的逻辑分析论证形成独到的结论；在"禁锢与教化"一文中，作者则对宗法、礼制与阴阳进行了分析，从内与外的建筑分割强调了男女空间区隔的人伦意义；同时对中国古代建筑中深闺内院的女性空间进行了更加细腻的描写与分析，这部分文字中的插图也饶有风味地介绍了这一独特的建筑女性文化现象；而祠堂与牌坊则是中国传统文化对女性的一种独特教育方式，也成为中国文化的展示方式了。

在"灵动与优雅"一章中，作者对中国建筑中的女性美进行了细腻的分析，分析了亭子的翼展之美，对西方建筑中的女性美也进行了对比性分析。在"共享与关怀"这一章，作者则对城市公共空间的性别格局、性别差异，进行了阐述与分析，并且以女性眼光对城市空间的性别意识进行了更加理论化的概括，话题涉及如何防范公共空间的犯罪问题，以及如何注重公共空间和公共建筑在细节设计上更加注重性别敏感和人性关怀的问题。甚而关注到对女厕这一现实话题的深度研讨。公厕的设计的确折射出当代建筑设计者对女性的人性关怀的缺失。在"遮蔽与张扬"一章中，让我们感受到女性建筑师的光彩，她们中间既有时代的开拓者，也有被男性光芒遮蔽的女建筑师，还有遨游建筑天地间的华人女性，其中特别提到了林徽因及其侄女林璎的贡献，通过分析这些个性张扬的女建筑师，展现了她们的独特魅力。

《她建筑》给我们展示的是女性与建筑美，女性与建筑功能之间的关系。本书作者本身是一个女性，以女性视角，写"她建筑"，给我们一种学术与审美的双重享受。在艺术之思中，这部学术著作馈赠给我们精神的愉悦。

合上本书，假如让我去写这样一本书，可能会变成一本风趣的科普读物或历史纪实，会增加很多女性与建筑美有关的名词解释或者艺术图片，而会失去一本书的理论价值承载，秦红岭教授独辟蹊径，让这本书在对比中前进，在对女性的关注与审视中深化，在图文共赏的意蕴里穿行，在深刻的分析与实例的描述中让我们完成对女性建筑的深度审美，作者凭借自己的建筑伦理知识，引导读者由浅入深、曲径通幽、渐入佳境，让我们感觉到建筑本身的奇妙、建筑伦理所应关注的神秘之处，更让读者为建筑历史对女性的关注之少扼腕叹息，也为当代女建筑师的辉煌成就而感到欣慰。

后　记

呈现在读者手中的这本《建筑伦理与城市文化丛书》（第四辑），是有关建筑伦理研究领域的专辑类出版物，是有关领域的专家学者及北京市属高等学校人才强教计划"建筑伦理学"学术创新团队的成员，就建筑伦理、建筑文化及城市文化问题研究成果的阶段性展示。

本辑刊的主要目的在于从多角度探讨并研究建筑伦理与城市文化问题。一方面，我们希望获得相应的学术影响和学术批评，让更多的学者关注建筑和城市规划中的伦理问题；另一方面，我们更希望能够为我国建筑伦理与城市文化的理论研究贡献绵薄之力。

全书由秦红岭教授组稿并统稿，有些文章由秦红岭配图。诚挚感谢所有参与本书撰稿及翻译的学者，希望我们今后仍有合作的机会！

本辑刊的课题研究及成果出版，得到了北京建筑大学"北京建筑文化"研究基地在资金上的支持，谨此鸣谢。当然，还要感谢中国建筑工业出版社吴宇江编审为本书出版所作的努力。

本书可能存在诸多不足，敬请读者批评指正。

编者

2014 年秋于北京